30 秒探索

化学

每天30秒
探索极其重要的50个基本概念

主编

[美] 尼瓦尔多·特洛
（Nivaldo Tro）

参编

[美] 杰夫·C.布莱恩（Jeff C. Bryan）

[美] 史蒂芬·康克泰斯（Stephen Contakes）

[美] 格兰·E.罗杰斯（Glen E. Rogers）

[美] 阿里·O.塞泽尔（Ali O. Sezer）

[美] 詹姆斯·图尔（James Tour）

[美] 约翰·B.文森特（John B. Vincent）

译者

刘晓安　　刘桂林

机械工业出版社
CHINA MACHINE PRESS

Nivaldo Tro，30–Second Chemistry
ISBN: 978–1–78240–508–5

北京市版权局著作权合同登记 图字：01–2019–4028号

图书在版编目（CIP）数据

化学/（美）尼瓦尔多·特洛（Nivaldo Tro）主编；刘晓安，刘桂林译. —北京：机械工业出版社，2022.8
（30秒探索）
书名原文：30–Second Chemistry
ISBN 978–7–111–71672–3

Ⅰ.①化…　Ⅱ.①尼…②刘…③刘…　Ⅲ.①化学–普及读物　Ⅳ.①O6–49

中国版本图书馆CIP数据核字（2022）第179099号

机械工业出版社（北京市百万庄大街22号　邮政编码100037）
策划编辑：汤　攀　　　　责任编辑：汤　攀　刘　晨
责任校对：张亚楠　张　征　封面设计：鞠　杨
责任印制：张　博
北京利丰雅高长城印刷有限公司印刷
2023年2月第1版第1次印刷
148mm×195mm·4.75印张·168千字
标准书号：ISBN 978–7–111–71672–3
定价：59.00元

电话服务　　　　　　　　　　网络服务
客服电话：010–88361066　　机 工 官 网：www.cmpbook.com
　　　　　010–88379833　　机 工 官 博：weibo.com/cmp1952
　　　　　010–68326294　　金 书 网：www.golden–book.com
封底无防伪标均为盗版　机工教育服务网：www.cmpedu.com

目 录

前言

尼瓦尔多·特洛

化学的核心概念是整体可通过其组成部分来解释。物质的特性可由组成物质的微小组成部分来解释。了解了这些，就了解了整个物质的整体。哲学家称这种观点为简化论。简化论在思想史上并非总是受到欢迎，而且其普世正确性也尚不明确。但化学在解释物质乃至生物的特性方面取得了惊人的成功，并仍将继续取得成功，这表明简化论至少是一种强大而有效的观点。

化学里"物质微小组成部分"的概念是原子、离子和分子。尽管物质是由基本粒子组成的观点早在2000多年前就提出来了，但直到距今仅约200年前才被广泛接受。在这之前，多数思想家认为物质是连续的，并不存在最小的基本粒子。16世纪出现的科学革命让科学家们把自己对自然的认知和经验测量更加仔细地结合起来。由于经验测量支持基本粒子的模型，连续性模型就不再使

化学让我们认识到，我们自身及周边的事物，都是由粒子构成的。

用了。

　　18世纪，粒子模型一被人们接受，化学领域的进步就来得相对更快了。科学家们开始搞清楚组成物质的基本粒子的结构。20世纪早期至中期，化学家们有了很好的模型来解释原子是如何结合起来形成分子，以及原子和分子的结构如何影响它们所组成物质的特性。事实上，在整个化学领域，结构和特性之间的关系是重要的统一性主题。

　　化学的第二个统一性主题是从简单到复杂的演化。人们发现，在自然界中，将简单粒子以稍微不同的方式组合，便能得到非常复杂的物质。字母表中26个字母可以用不同方式组合成大量的单词，然后以不同方式将这些单词组合成大量复杂的句子。同样地，构成物质的118种元素可结合起来形成很多化合物，这些化合

石墨烯是一种新型碳基材料，只有一个原子的厚度，但强度超过铁。

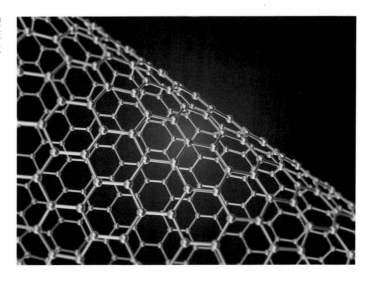

物又可组合形成数量更为庞大的复杂物质，包括所有的生物。

化学可进行何种程度的解释？我们仍然不是非常清楚。我们知道化学可以解释气体的特性，但化学能解释人脑运转的方式吗？20世纪下半叶，在化学的基础上发展产生的生物学，取得了巨大的成功。现在我们知道处于生命核心地位的复杂分子结构的细节，以及这些结构影响生物多种特性的方式。我们可定制分子与疾病做斗争，甚至改变生命组织中的遗传分子（DNA）来改变这些生命体的特征。21世纪带来了新的挑战和新的方向。一方面，科学家们利用化学的观点，正在尝试解释更为复杂的现象，例如人的意识；另一方面，科学家们正利用化学构造更为细小的结构和机器，一次仅使用一个原子。某一天我们可能会拥有分子潜水艇，它能够在血管中航行，与入侵的癌细胞或病毒作战。此外，科学家们还制造出各种新材料，如石墨烯就是一种仅有一个原子厚度的二维物质，但其强度比铁还要高。也许在可预见的未来，物质的粒子模型将有更强的能力来解释物质特性并产生新的技术。

本书概览

本书中，我们将展示化学中50个极其重要的观点。每个条目都被分成如下的几个部分：30秒钟化学是解释部分，3秒钟核心内容是用一句话解释观点，而3分钟扩展知识则描述该观点是如何应用于更宽泛或不同环境的。本书以原子及其结构和特性开篇，然后展示原子如何结合在一起形成化合物，以及我们如何能了解化学元素结合及产生的分子。接着我们来到物质的状态（气态、液态和固态）和化学反应。然后讨论能量学，并描述支配能量流动的法则。最后，我们对化学的四个分支进行纵览，这四个分支分别是无机化学、有机化学、生物化学和核化学。我们的目标不是尽量多地描述化学，而是让读者"浅尝"化学，让读者知道我们周围和自身大千世界的事物背后，粒子正在跳着复杂而美丽的舞步，让一切成为可能。

电子在原子中的位置对了解原子的结合方式至关重要。

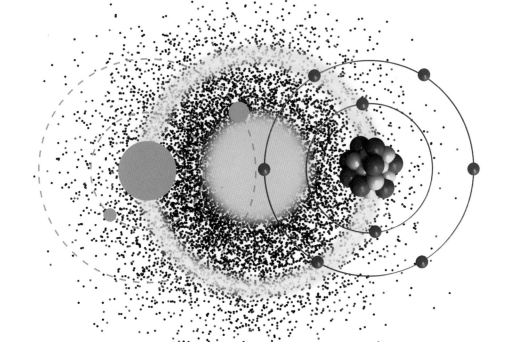

原子、分子和化合物

原子、分子和化合物
术语

碱金属　元素周期表中位于最左端的一列金属（ⅠA组），包括锂、钠、钾、铷、铯和钫。

原子序数　被分配给每种元素的唯一号码，与该元素原子核中质子的数量一致。

原子理论　所有物质是由叫作原子的微小粒子所组成的观点。

经典物理学　量子力学出现前的物理学。

共价结合　通过共享一个或多个电子形成的原子结合。

电子　亚原子颗粒，带负电荷，质量为0.00055原子质量单位（amu）。

元素　不能再继续分解为简单物质的基本物质。有118种自然存在的元素。

海森堡不确定性原理　量子力学原理，即某些数量（如位置和动量）不能同时在任意精度上被确定。

离子结合　将一个电子从一个原子转移至另一个原子而形成的这两个原子的结合。

离子化合物　一种化合物，通常是由一种金属元素和一种或多种非金属元素构成，含有通过离子键结合的原子。

同位素　具有相同数量质子、不同数量中子的同一元素的不同原子。

质量数　原子的质子数和中子数之和。

分子化合物　一种化合物，通常由两个或多个非金属元素构成，含有通过共价键结合的原子。

中子　亚原子颗粒，不带电，质量为一个原子质量单位。

惰性气体 在元素周期表上位于最右侧的一列（ⅧA族），含有氦、氖、氩、氪、氙、氡和氦。

核聚变 轻原子核结合成较重原子核时放出巨大能量。

原子核模型 一种原子模型。原子的绝大部分重量包含在由质子和中子组成的小而紧密的原子核中，而原子体积的大部分被电子云覆盖。

核合成 核合成是从已经存在的核子（质子和中子）创造出新原子核的过程。

质子 亚原子颗粒，带正电荷，质量为一个原子质量单位。

量子力学 物理学的领域，形成于20世纪早期，应用于实际存在的非常微小粒子。

"薛定谔的猫"实验 想象中的实验，该实验将不确定性原理应用于盒中的一只猫，该盒中的放射性物质有50%的衰变概率。如果原子发生衰变，猫就会死亡，所以猫处于生、死概率各半的奇怪状态。薛定谔用这个实验来表明量子力学的观点对大尺度物体（如猫）是不适用的。

价电子 原子核外电子中能与其他原子相互作用形成化学键的电子。

速度 对一个物体移动快慢和方向的度量。

物质由粒子构成

30秒钟化学

古希腊的哲学家们相信，物质是可以无限分割的，即物质没有基本粒子。后来的思想家们继承了这样的观点，时间长达2000年。直到18世纪和19世纪，早期的化学家们通过仔细测量物质相关样本的相对重量，才确定事实并非如此。而且直到20世纪早期这个问题才得到明确的解决。让·佩兰因解决这个问题而获得1926年诺贝尔物理学奖。古希腊的哲学家们错了，因为物质是粒子性的，即物质是由粒子构成的，这些粒子叫作原子。这种观点是所有人类思想中最重要的观点之一。为什么呢？因为物质是由粒子构成这一观点让我们能从根源处了解自然。可以说，构成物质的粒子，也就是它们的成分和结构决定了物质的特性。物质的性质就是构成该物质的粒子的性质。水在100℃（212℉）沸腾，因为组成水分子的三个原子以一定的方式即一定的角度和间距结合；对这些特性的任何改变，都会让水变成另一种不同的物质。

相关主题
原子的结构　6页
原子内部　8页
原子从哪里来？
10页

3秒钟人物
约翰·道尔顿
1766—1844
英国化学家，详述了物质的原子理论

让·佩兰
1870—1942
法国物理学家，研究悬浮于液体中的微小粒子的运动，通过实验解决了物质的粒子特性问题

本文作者
尼瓦尔多·特洛

让·佩兰主要因证明了原子的存在而获得诺贝尔奖。

原子的结构

30秒钟化学

相关主题
原子内部　8页
原子从哪里来？
10页
电子的双重特性
12页

3秒钟核心内容

原子是由包含质子和中子的微小原子核和围绕原子核的松散电子云组成的。

3分钟拓展知识

物质具有颗粒性，即物质是由粒子组成的。那这些粒子是什么呢？它们的结构是怎样的？最早的一些模型认为物质在原子核内的分布是相当均匀的，但后来的实验表明并非如此。原子自身大部分是空的，几乎所有质量都被包含在一个叫作原子核的狭小空间中。

1897年，J.J.汤姆逊发现了一种新的粒子，即电子，电子比原子本身小太多。汤姆逊证明原子是带负电荷的，出现在所有物质中，且其质量只是最轻原子质量的两千分之一。汤姆逊的发现表明原子自身是由更小的粒子构成的。基于他的发现，汤姆孙提出了一种叫作"汤姆逊模型"的原子模型。在这种模型中，即使是最轻的原子也是由被限制在正电荷区域中的数千个电子构成的。1909年，欧内斯特·卢瑟福（右图）开始确认汤姆逊的模型，但却证明该模型是错误的。卢瑟福让质量是电子8000倍的粒子加速，撞向金箔片，但金原子并没有让多数粒子的方向发生偏转，只有一些粒子弹了回来。卢瑟福说，他的实验结果的可信度几乎就好像是"你向一张薄纸发射一颗15英寸（38厘米）的炮弹，结果炮弹反弹回来还击中了你"。卢瑟福提出了一种新的原子模型即原子核模型，原子的重量集中在一个狭小的称为原子核的空间里，而原子的大部分体积则是空的。

3秒钟人物

J.J.汤姆逊
1856—1940
英国物理学家，发现了电子

欧内斯特·卢瑟福
1871—1937
新西兰出生的英国物理学家，其著名的金箔实验建立了原子核模型

本文作者

尼瓦尔多·特洛

原子的原子核被放大以便于被看见。如果按照比例绘制，原子核将会是一个小点，因太小而无法看见。

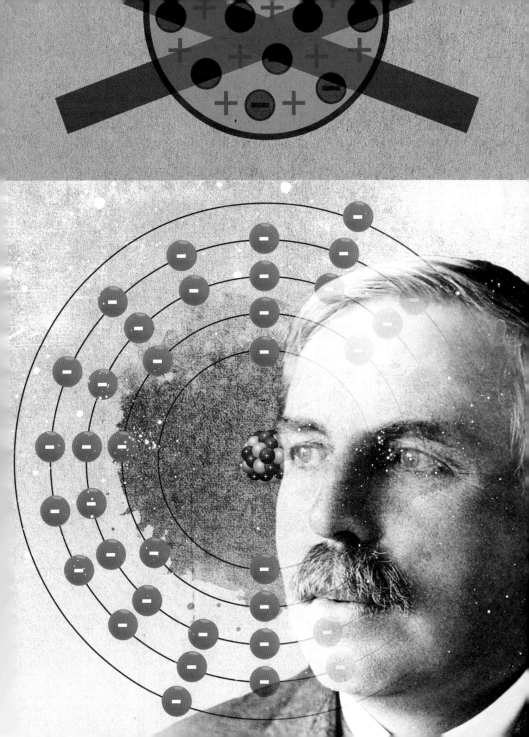

原子内部

30秒钟化学

原子核中质子的数量被称为原子序数（Z），它决定了该原子及其对应元素的身份。例如，氦（$Z=2$）的原子核中有两个质子，而钠（$Z=11$）的原子核中有11个质子。已知元素的原子序数范围从$Z=1$到$Z=118$，如下页中元素周期表所示。每种元素都有名字、代号和独一无二的原子序数。同种元素原子核内中子的数量可能不同。例如，多数氦原子有两个中子，但有些则有三个中子。质子数相同但中子数不同的原子称为同位素。由于原子的大部分质量取决于其质子和中子，这两种粒子的数量之和就是质量数（A）。科学家们用$_Z^A X$来表示同位素，其中X是化学符号，Z是原子序数，A是质量数。例如，有两个中子的氦同位素表示为$_2^4 He$。

相关主题

原子从哪里来？
10页
周期模式　16页
放射性　130页

3秒钟人物

詹姆斯·查德威克
1891—1974
英国物理学家，发现了中子

本文作者

尼瓦尔多·特洛

3秒钟核心内容

原子是由质子、中子和电子构成的。在不带电的原子中，电子数量常常与原子核中质子数量相同。

3分钟拓展知识

所有原子都是由相同的三种亚原子粒子组成的，这三种亚原子粒子是质子、中子和电子（见下表）。一个原子与其他原子的区别在哪里呢？区别就是这些粒子的数量。看上去可能有点无法相信，钠（一种在水中爆炸的活性金属）和氖（一种不与任何物质发生反应的惰性气体）是由相同的亚原子粒子组成的，不同之处仅在于粒子数量。

亚原子粒子

	质量 （原子质量单位）	电荷 （相对）
质子	1.0	+1
中子	1.0	0
电子	0.00055	−1

元素周期表按照元素的原子序数（位于每个元素格子的左上方）列出了118种已知元素（91种自然存在的元素和27种合成元素）。

元 素 周 期 表

族周期	I A																	VIII A	电子层
1	1 H 氢 1.00794(7)	II A					原子序数 → 19 K 钾 ← 元素符号 钾 ← 元素名称 原子量 → 39.0983(1) 注*的是人造元素						III A	IV A	V A	VI A	VII A	2 He 氦 4.002502(2)	K
2	3 Li 锂 6.941(2)	4 Be 铍 9.012182(3)											5 B 硼 10.811(7)	6 C 碳 12.0107(8)	7 N 氮 14.0067(2)	8 O 氧 15.9994(3)	9 F 氟 18.9984032(5)	10 Ne 氖 20.1797(6)	L K
3	11 Na 钠 22.989770(2)	12 Mg 镁 24.3050(6)	III B	IV B	V B	VI B	VII B		VIII B			I B	II B	13 Al 铝 26.981538(8)	14 Si 硅 28.0855(3)	15 P 磷 30.973761(2)	16 S 硫 32.065(5)	17 Cl 氯 35.453(2)	18 Ar 氩 39.948(1)	M L K
4	19 K 钾 39.0983(1)	20 Ca 钙 40.078(4)	21 Sc 钪 44.955910(8)	22 Ti 钛 47.867(1)	23 V 钒 50.9415	24 Cr 铬 51.9961(6)	25 Mn 锰 54.938049(9)	26 Fe 铁 55.845(2)	27 Co 钴 58.933200(9)	28 Ni 镍 58.6934(2)	29 Cu 铜 63.546(3)	30 Zn 锌 65.409(4)	31 Ga 镓 69.723(1)	32 Ge 锗 72.64(1)	33 As 砷 74.92160(2)	34 Se 硒 78.96(3)	35 Br 溴 79.904(1)	36 Kr 氪 83.798(2)	N M L K
5	37 Rb 铷 85.4678(3)	38 Sr 锶 87.62(1)	39 Y 钇 88.90585(2)	40 Zr 锆 91.224(2)	41 Nb 铌 92.90638(2)	42 Mo 钼 95.94(2)	43 Tc 锝 97.907	44 Ru 钌 101.07(2)	45 Rh 铑 102.90550(2)	46 Pd 钯 106.42(1)	47 Ag 银 107.8682(2)	48 Cd 镉 112.411(8)	49 In 铟 114.818(3)	50 Sn 锡 118.710(7)	51 Sb 锑 121.760(1)	52 Te 碲 127.60(3)	53 I 碘 126.90447(3)	54 Xe 氙 131.293(6)	O N M L K
6	55 Cs 铯 132.90545(2)	56 Ba 钡 137.327(7)	57-71 La-Lu 镧系	72 Hf 铪 178.49(2)	73 Ta 钽 180.9479(1)	74 W 钨 183.84(1)	75 Re 铼 186.207(1)	76 Os 锇 190.23(3)	77 Ir 铱 192.217(3)	78 Pt 铂 195.078(2)	79 Au 金 196.96655(2)	80 Hg 汞 200.59(2)	81 Tl 铊 204.3833(2)	82 Pb 铅 207.2(1)	83 Bi 铋 208.98038(2)	84 Po 钋 208.98	85 At 砹 209.99	86 Rn 氡 222.02	P O N M L K
7	87 Fr 钫* 223.02	88 Ra 镭 226.03	89-103 Ac-Lr 锕系	104 Rf 𬬻* 261.11	105 Db 𬭊* 262.11	106 Sg 𬭳* 263.12	107 Bh 𬭛* 264.12	108 Hs 𬭶* 265.13	109 Mt 鿏* 266.13	110 Ds 𫟼* (269)	111 Rg 轮* (272)	112 Cn 鿔* (277)	13 Uut 铱* (278)	114 Fl 铁* (289)	115 Uup 镆* (288)	116 Lv 钋* (289)		118 Uuo * (294)	Q P O N M L K

镧系	57 La 镧 138.9055(2)	58 Ce 铈 140.116(1)	59 Pr 镨 140.90765(2)	60 Nd 钕 144.24(3)	61 Pm 钷* 144.91	62 Sm 钐 150.36(3)	63 En 铕 151.964(1)	64 Gd 钆 157.25(3)	65 Tb 铽 158.92534(2)	66 Dy 镝 162.500(3)	67 Ho 钬 164.93032(2)	68 Er 铒 167.259(3)	69 Tm 铥 168.93421(2)	70 Yb 镱 173.04(3)	71 Lu 镥 174.957(1)
锕系	89 Ac 锕 227.03	90 Th 钍 232.0381(1)	91 Pa 镤 231.03588(2)	92 U 铀 238.02891(3)	93 Np 镎* 237.05	94 Pu 钚 244.06	95 Am 镅* 243.06	96 Cm 锔* 247.07	97 Bk 锫* 247.07	98 Cf 锎* 251.08	99 Es 锿* 252.08	100 Fm 镄* 257.10	101 Md 钔* 258.10	102 No 锘* 259.10	103 Lr 铹* 260.11

原子从哪里来?

30秒钟化学

3秒钟核心内容

原子经核合成而形成。核合成发生在恒星和超新星的核心位置，开始于宇宙大爆炸的头几分钟并持续至现在。

3分钟拓展知识

行星天然地包含91种不同的元素。构成这些元素的原子是从何处来的呢？原子是如何形成的呢？原子的形成经过了叫作核合成的过程，开始于约137亿年前宇宙刚诞生的时候。

根据宇宙大爆炸理论，我们的宇宙刚开始是一个包含物质和能量的高温而稠密的集合，这个集合迅速扩张并冷却。在这种扩张的头20分钟里，大量亚原子粒子的混合物中形成了氢和氦（宇宙中最丰富的两种元素）。随着宇宙持续扩张和冷却，核合成停止了。最终，大约5亿年以后，第一批恒星诞生了。恒星是制造所有其他元素的"温床"。恒星以核聚变的方式燃烧，将小原子的原子核融合在一起形成大的原子。年轻的恒星将氢原子聚合起来形成氦。这种聚变释放大量的热和光，并能为恒星提供数百亿年的能量。随着恒星年龄增大，且如果恒星的个头足够大，聚变可以继续，形成更大的原子（如碳和氧），直至形成铁原子。形成比铁还要重的元素需要更多的能量，且仅在恒星生命周期的超新星阶段才能发生。超新星基本上是一颗正在爆炸的大恒星。超新星释放出的能量可以为重量不超过铀的各种元素的核合成提供能量，而铀是自然存在的最重的元素。

相关主题

放射性　130页
原子分裂　132页
核质量损失　134页

3秒钟人物

亚瑟·艾丁顿
1882 —1944
英国天文学家和物理学家，首先提出恒星的能量由聚变提供

弗雷德·霍伊尔
1915 —2001
英国天文学家，提出了恒星内部核合成的理论

本文作者

尼瓦尔多·特洛

　　恒星中，较小的原子聚变形成了大的原子。所有比氢重的原子都是在恒星和超新星内部产生的。

电子的双重特性

30秒钟化学

3秒钟核心内容

对电子和其他小粒子来说，经典物理学中轨道概念被量子力学的概率分布所取代。

3分钟拓展知识

事实存在的最小粒子（如电子）是否就像我们用眼睛能看到的那些粒子那样仅仅只是更小而已吗？电子围绕原子核旋转是否类似行星围绕太阳旋转呢？答案是否定的。电子的特性不同。电子和其他微小粒子有波粒二象性，预测它们的精确轨迹是不可能的。相反，我们用概率来描述它们的行为。

在空间中运动的电子与飞向球场外的棒球在特性上是非常不一样的。棒球有确定的轨迹，也就是棒球遵从确定的轨道。一个好的外场球手可以预测球的落地位置，这种预测需要球手在同一时刻知道飞行物体的两个特征，即其位置（在哪里）和速度（飞得有多快）。如果外场球手只知道球的这两个特征中的一个，则该球手不能预测球的路径。电子特性不同的原因在于其具有双重特性，即波的特性（与其速度有关）和粒子的特性（与其位置有关）。了解电子特性的关键在于海森堡不确定性原理，其内容是"电子不在某一时刻同时表现其波的特性和粒子的特性"。在同一时刻，电子表现的是其中的一个特性，而非两个。尽管海森堡不确定性原理解释了事物如何同时具有波粒二象性这样一个巨大的悖论，但该原理对决定论来说是一种毁灭。如果你不能同时观察到电子波的特性和粒子的特性，那么你就不能同时知道其速度和位置，这就意味着你不能预测其未来的路径。

3秒钟人物

欧文·薛定谔
1887—1961
奥地利物理学家，原子的量子理论模型发展的核心人物，因"薛定谔的猫"的思想实验而闻名

沃纳·海森堡
1901—1976
德国物理学家，详细阐述了不确定性原理

本文作者

尼瓦尔多·特洛

原子中电子围绕原子核转动并不像行星围绕太阳转动。电子存在于概率的云层中。

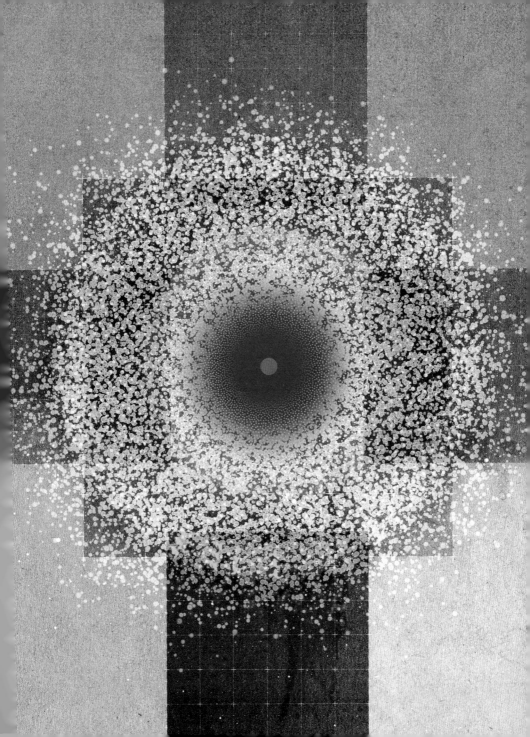

原子中电子的位置

30秒钟化学

3秒钟核心内容

原子中的电子存在于量子力学轨道上。这些轨道是三维概率图，表明在某体积的空间中发现电子的可能性。

3分钟拓展知识

原子通过共享或转移电子而互相结合。这就导致电子在原子中的位置非常重要，因为电子的位置影响了原子结合的方式。在早期的模型中，人们想象电子围绕原子核旋转就像行星围绕太阳旋转。但该模型后来被证明是错误的，并被原子的量子模型所取代。

早期原子模型中的电子轨道后来被量子力学轨道所代替。与行星轨道不同，电子轨道是一个三维概率图，表明在空间中一定体积内找到电子的概率。可以通过一个简单的类比来理解轨道，假设对一个围着灯泡飞行的蛾子拍照，每10秒钟拍照一次，拍摄数分钟，然后将拍到的所有照片叠加起来形成一幅照片，这幅照片显示灯泡周围有数十个蛾子的影像。紧挨着灯泡的空间中有很多蛾子的影像，表明在这个体积空间中发现蛾子的概率高。离灯泡远一点，蛾子的影像变少，表明在这个空间中找到蛾子的概率变小。量子力学轨道是类似的，灯泡就是原子核，而蛾子就是电子。早期的原子模型有多个不同的轨道，离原子核距离不同，能量不同。与之类似，量子力学模型也有很多不同的轨道，每个轨道有不同的距原子核的平均距离，能量也不同。电子可在一个或另一个轨道上被观察到，但从不在轨道之间被发现。

相关主题

电子的双重特性
12页

原子结合　18页

3秒钟人物

尼尔斯·玻尔
1885—1962
丹麦物理学家，量子力学模型中原子结构发展的核心人物

欧文·薛定谔
1887—1961
奥地利物理学家，原子的量子理论模型发展的核心人物

本文作者

尼瓦尔多·特洛

早期的原子模型中，电子围绕原子核转动就像行星围绕太阳转动。这种模型已被量子力学模型所取代。

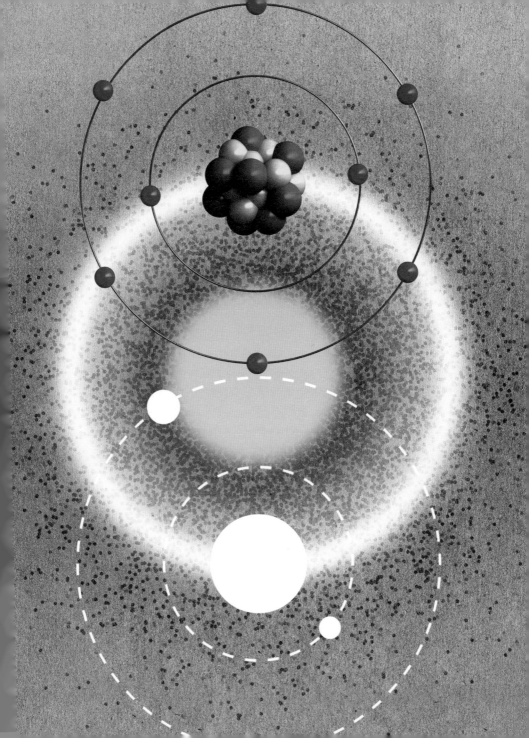

周期模式

30秒钟化学

3秒钟核心内容
以原子序数增加的顺序列出原子时，它们的特性以一种间隔均匀的方式重现。

3分钟拓展知识
我们的地球含有约91种自然存在的元素，每种都有自己独特的性质。但是某些元素群有类似的特征。周期律和对应的元素周期表将已知元素进行排列的方式，帮助我们了解其特性。

古希腊人认为物质仅由四种元素即土、水、火和空气组成。到了19世纪中叶，科学家们已发现50多种元素。德米特里·门捷列夫按照原子序数增加的顺序列出已知元素时，注意到元素特性的一种规律，即某些特性周期性地重复出现。根据他的观察，门捷列夫编制了原子序数从左至右增加、有相似性质的元素排在同一列的元素表。这个表格中有一些间隔，使得他可以预测一些当时未被发现、但后来被发现的元素的存在及特性。门捷列夫的表格发展成为现代的元素周期表，列明了所有至今已知的元素。位于左侧和中部的元素多数都是金属，而位于右侧的元素多数是非金属。每一列代表具有类似性质的元素族。例如，最左边一列是碱金属元素，是一组在室温为固态、具有高度活性的元素。与之相反的是，最右边一列是惰性气体元素，是一组在室温下为气态、没有活性或活性很小的元素。

相关主题
原子内部 8页
原子结合 18页
唯一性原理 76页

3秒钟人物
朱利叶斯·洛塔尔·迈耶
1830—1895
德国化学家，为元素周期表做出了巨大贡献

德米特里·门捷列夫
1834—1907
俄国化学教授，编制了元素周期律和最早的周期律表格

本文作者
尼瓦尔多·特洛

门捷列夫编制了最早的元素周期表，按照原子序数和化学性质将元素组织起来。

元素 周 期 表

原子序数 → 19 K ← 元素符号
钾 ← 元素名称
原子量 → 39.0983(1)　注*的是人造元素

电子层

族／周期	I A	II A	III B	IV B	V B	VI B	VII B	VIII B			I B	II B	III A	IV A	V A	VI A	VII A	VIII A	电子层
1	1 H 氢 1.00794(7)																	2 He 氦 4.002502(2)	K
2	3 Li 锂 6.941(2)	4 Be 铍 9.012182(3)											5 B 硼 10.811(7)	6 C 碳 12.0107(8)	7 N 氮 14.0067(2)	8 O 氧 15.9994(3)	9 F 氟 18.9984032(5)	10 Ne 氖 20.1797(6)	L K
3	11 Na 钠 22.989770(2)	12 Mg 镁 24.3050(6)											13 Al 铝 26.981538(8)	14 Si 硅 28.0855(3)	15 P 磷 30.973761(2)	16 S 硫 32.065(5)	17 Cl 氯 35.453(2)	18 Ar 氩 39.948(1)	M L K
4	19 K 钾 39.0983(1)	20 Ca 钙 40.078(4)	21 Sc 钪 44.955910(8)	22 Ti 钛 47.867(1)	23 V 钒 50.9415	24 Cr 铬 51.9961(6)	25 Mn 锰 54.938049(9)	26 Fe 铁 55.845(2)	27 Co 钴 58.933200(9)	28 Ni 镍 58.6934(2)	29 Cu 铜 63.546(3)	30 Zn 锌 65.409(4)	31 Ga 镓 69.723(1)	32 Ge 锗 72.64(1)	33 As 砷 74.92160(2)	34 Se 硒 78.96(3)	35 Br 溴 79.964(1)	36 Kr 氪 83.798(2)	N M L K
5	37 Rb 铷 85.4678(3)	38 Sr 锶 87.62(1)	39 Y 钇 88.90585(2)	40 Zr 锆 91.224(2)	41 Nb 铌 92.90638(8)	42 Mo 钼 95.94(2)	43 Tc 锝* 97.907	44 Ru 钌 101.07(2)	45 Rh 铑 102.90550(2)	46 Pd 钯 106.42(1)	47 Ag 银 107.8682(2)	48 Cd 镉 112.411(8)	49 In 铟 114.818(3)	50 Sn 锡 118.710(7)	51 Sb 锑 121.760(1)	52 Te 碲 127.60(3)	53 I 碘 126.90447(3)	54 Xe 氙 131.293(6)	O N M L K
6	55 Cs 铯 132.90545(2)	56 Ba 钡 137.327(7)	57-71 La-Lu 镧系	72 Hf 铪 178.49(2)	73 Ta 钽 180.9479(1)	74 W 钨 183.84(1)	75 Re 铼 186.207(1)	76 Os 锇 190.23(3)	77 Ir 铱 192.217(3)	78 Pt 铂 195.078(2)	79 Au 金 196.96655(2)	80 Hg 汞 200.59(2)	81 Tl 铊 204.3833(2)	82 Pb 铅 207.2(1)	83 Bi 铋 208.98038(2)	84 Po 钋 208.98	85 At 砹 209.99	86 Rn 氡 222.02	P O N M L K
7	87 Fr 钫* 223.02	88 Ra 镭 226.03	89-103 Ac-Lr 锕系	104 Rf 𬬻* 261.11	105 Db 𬭊* 262.11	106 Sg 𬭳* 263.12	107 Bh 𬭛* 264.12	108 Hs 𬭶* 265.13	109 Mt 鿏* 266.13	110 Ds 𫟼* (269)	111 Rg 𬬭* (272)	112 Cn 鎶* (277)	113 Uut 钛* (278)	114 Fl 𫓧* (289)	115 Uup 镆* (288)	116 Lv 𫟷* (289)		118 Uuo (294)	Q P O N M L K

镧系	57 La 镧 138.9055(2)	58 Ce 铈 140.116(1)	59 Pr 镨 140.90765(2)	60 Nd 钕 144.24(3)	61 Pm 钷* 144.91	62 Sm 钐 150.36(3)	63 En 铕 151.964(1)	64 Gd 钆 157.25(3)	65 Tb 铽 158.92534(2)	66 Dy 镝 162.500(1)	67 Ho 钬 164.93032(2)	68 Er 铒 167.259(3)	69 Tm 铥 168.93421(2)	70 Yb 镱 173.04(3)	71 Lu 镥 174.957(1)
锕系	89 Ac 锕 227.03	90 Th 钍 232.0381(1)	91 Pa 镤 231.03588(2)	92 U 铀 238.02891(3)	93 Np 镎 237.05	94 Pu 钚 244.06	95 Am 镅* 243.06	96 Cm 锔* 247.07	97 Bk 锫* 247.07	98 Cf 锎* 251.08	99 Es 锿* 252.08	100 Fm 镄* 257.10	101 Md 钔* 258.10	102 No 锘* 259.10	103 Lr 铹* 260.11

原子结合

30秒钟化学

3秒钟核心内容
原子结合形成化合物。化合物包含两种或两种以上不同元素的混合物，其比例是固定而明确的。

3分钟拓展知识
宇宙包含118种不同的元素，但如果这些元素不结合在一起形成化合物，宇宙将没有生命。当两种或更多种元素结合在一起形成化合物，一种新的物质便产生了，其性质与构成该化合物的各种元素截然不同。我们宇宙的118种不同的元素可形成数百万种化合物。化合物通过各种方式结合在一起，使生命成为可能。

原子通过共享电子（共价键）或转移位于最高能量轨道的电子（离子键）而结合形成化合物。共价电子常常出现在两种或多种非金属元素中，产生分子化合物，分子化合物名称的由来是因为它是由同一种独立的分子（成组的原子结合在一起）组成的。电子的转移通常发生在一种金属和一种非金属间，产生离子化合物。离子化合物不含有独立的分子，而是含有离子（带电粒子）的阵列，分别带正电荷和负电荷。水是分子化合物的一个好例子。我们用化学式代表化合物，化学式告诉我们化合物中的元素及每种元素的相对原子数量。例如，水的分子式是 H_2O，这意味着水分子是由两个氢原子和一个氧原子构成。蔗糖（食糖）的分子式是 $C_{12}H_{22}O_{11}$。分子化合物的一个分子中最少可包含两个原子，最多可包含上千个原子。氯化钠（食盐）是离子化合物的好例子。氯化钠的分子式是 NaCl，表明氯和钠在原子中的比例是一比一。

相关主题
原子中电子的位置
14页
路易斯化学键模型
22页
共价键理论和分子轨道理论 **24页**

3秒钟人物
约瑟夫·普劳斯特
1754—1826
法国化学家，对化合物的构成进行了观察

莱纳斯·鲍林
1901—1994
美国化学家，对于人类对化学键的认识做出了杰出贡献

本文作者
尼瓦尔多·特洛

水是分子化合物，由两个氢原子和一个氧原子结合形成。

1766年
出生在英格兰伊格尔斯菲尔德镇的一幢白色平房里，这幢平房现在仍存在

1776年
被送至帕德肖堂贵格会学校

1781—1793年
在位于肯代尔的斯特拉蒙盖特学校教书

1787年
开始记气象日记

1793年
就职于曼彻斯特的新学院，发表关于红绿色盲的论文（红绿色盲的英文名是用道尔顿的姓氏命名的）

1801年
提出了道尔顿气体分压法则

1803年
发表论文，第一次描述了他的原子理论

1808年
发表《化学哲学的新体系》，书中全面阐述了自己的原子理论

1810年
被提名为英国皇家学会会员，但拒绝了提名

1822年
在其不知情的情况下，被提名并被选为英国皇家学会会员

1826年
接受英国皇家学会首个皇家奖章

1832年
一开始因为需要穿猩红色的袍子而拒绝了牛津大学的荣誉博士学位。后被劝说袍子为墨绿色，而接受了该学位

1844年
去世，被给予最高规格的平民葬礼

人物传略：约翰·道尔顿

JOHN DALTON

约翰·道尔顿于1766年出生于英格兰北部伊格尔斯菲尔德镇的一个穷苦但严守贵格会教义的家庭。10岁时，他被送到附近一所贵格会学校，仅仅两年后就开始在此教书。

很快他开始在肯代尔教书和学习，在这里他进行气象观测并进行记录，所用的工具有很多是他自制的。这项工作他一直进行了57年，直至他去世，共记录了超过20万次观测。他曾经写道："我的脑袋被太多的三角形、化学反应和电气实验等东西所填满，以至于不能想太多结婚的事情。"

搬到曼彻斯特后的道尔顿成了数学和自然哲学老师，并加入了曼彻斯特文学和哲学协会。他在该学会的第一次交流中描述了"红绿色盲"。他和他的兄弟们都患有红绿色盲，这种病现在仍以道尔顿的姓氏命名。

道尔顿对气象的热爱让他开始思考空气的构成和大气组成气体的性质。他得出的结论是，空气是气体的混合物，其施加的总压力是各种气体施加的"部分压力"的总和。他说总的压力是由气体的粒子（也就是我们所说的原子和分子）在容纳气体的容器壁上用力推挤所形成的。

道尔顿最著名的成果是他第一个提出了著名的原子理论，该理论将当时人们所认知的从古希腊原子不可再分观点开始的各种假设组织起来。道尔顿说，某种元素的原子是唯一的（尤其是在质量方面），并与另一种元素的原子以整数比率结合。在化学反应中，原子从一种结构变成另一种结构。他还编制出最早的原子重量表，但由于精度不够而存在瑕疵，如果他对来自国际科学界有价值的观点能持更开放态度的话，精度不够的问题本可避免。尽管如此，他的理论仍可经受测试，且其一般假设仍能成立。

由于道尔顿重新拾起过去并未被精确讨论过且已被废弃约2000年的观点，并将该观点改造成为颠覆所有科学的指导模式，他的同事们急切地想让他荣誉加身。但由于他的贵格会信仰，他拒绝了很多这样的荣誉，包括可能需要他身穿猩红色袍子的牛津大学博士学位。因被告知袍子是绿色的（他毕竟是一个红绿色盲者），他才接受了这个学位。道尔顿去世的时候，有多达四万人的队伍和100多辆四轮马车为他送葬。

格兰·E. 罗杰斯

路易斯化学键模型

30秒钟化学

3分钟拓展知识
科学知识最有力的部分就是理论（或模型）。理论不仅解释自然界会发生什么现象，还解释这些现象发生的原因。路易斯化学键理论解释了水是H_2O而不是其他原子组合的原因。路易斯模型很简单，其他更加复杂的模型在预测和解释化学键时则更为有力。

路易斯模型是化学键最简单的模型。在该模型中，原子共享或转移其能量最高的电子（称为价电子）形成价电子层，即八个处于最高能量（或最远距离）轨道集合的电子。一个重要的例外就是氢，氢原子共享或转移一个电子，让两个位于最远轨道上的电子形成电子对。使用路易斯模型时，化学家使用特殊的符号代表原子及其共价键。例如，路易斯模型中氢和氧的符号如下：

$$H\cdot \quad \cdot \overset{\displaystyle \cdot}{\underset{\displaystyle \cdot}{O}}:$$

H旁边的点代表氢的一个共价电子，而O周围的六个点代表氧的六个共价电子。构成水的氢和氧间的键涉及共价电子的共享，可用路易斯符号将水表示如下：

$$H:\overset{\displaystyle \cdot \cdot}{\underset{\displaystyle \cdot \cdot}{O}}:H \qquad Duet \;\; (H:\overset{\displaystyle \cdot \cdot}{O}:H) \;\; Duet$$
$$Octet$$

两种元素间共享电子对，两个原子形成稳定的八电子结构很重要。在路易斯结构中，每个氢原子有一个共价电子，而每个氧原子有八个共价电子。

3秒钟人物
吉尔伯特·N.路易斯
1875—1946
美国化学家，加利福尼亚大学伯克利分校教授，提出了化学键的路易斯模型

本文作者
尼瓦尔多·特洛

路易斯模型显示了原子如何通过共用电子构造八电子稳定结构的方式。

共价键理论和分子轨道理论

30秒钟化学

3秒钟核心内容

在共价键模型中，化学键是填充一半的原子轨道间的重叠部分。在分子轨道理论中，原子轨道被分子轨道完全取代。

3分钟拓展知识

路易斯共价键模型是实用且有效的，但它也有局限性。例如，我们知道电子不是原子间固定不动的点。两个更好的键模型是共价键理论和分子轨道理论，它们考虑了电子的量子力学性质，为化学键提供了更为强大的预测和解释。

化学家使用三种不同的模型来解释化学键，即路易斯模型、共价键模型和分子轨道模型，每种都比前一种更加复杂也更加有用。路易斯模型只需要笔和纸就能让化学家预测和解释大量的化学现象。共价键和分子轨道理论则都需要复杂的计算，常常要依赖计算机。共价键理论中，化学键被模拟为部分被填充的原子轨道间的重叠。因为轨道重叠，这些轨道中电子的能量减少，使得分子相对其组成原子变得稳定。分子轨道之于分子，就好像原子轨道之于原子。每个分子都有其独特的分子轨道集合，这些轨道则取决于其组成原子及其在空间中的分布。如果分子轨道中电子的能量之和比组成该分子的原子们的轨道中的电子能量之和低，则分子就是稳定的。共价键理论和分子轨道理论都可以精确预测分子结构的细节，包括分子的几何形状、键的长度和键的强度。

相关主题

原子中电子的位置 **14页**

原子结合 **18页**

路易斯化学键模型 **22页**

3秒钟人物

约翰·爱德华·乔恩斯
1894—1954
英国数学家、物理学家和计算化学的先驱

莱纳斯·鲍林
1901—1994
美国化学家，对共价键理论做出了杰出贡献

本文作者

尼瓦尔多·特洛

分子轨道理论预测氧气可以是有磁性的液体，事实确实如此。但更简单的键理论则无法预见到这一事实。

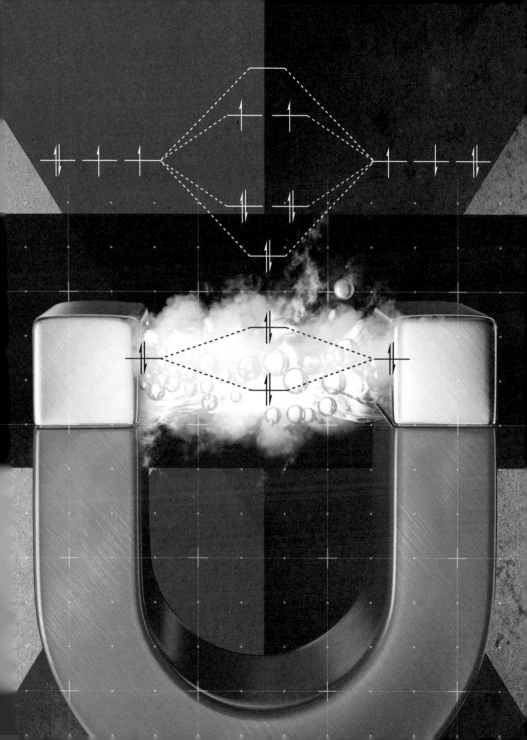

异性相吸

30秒钟化学

3秒钟核心内容

两个不同原子结合时，电子分布通常是不均匀的，形成了极化键，它在很大程度上影响了物质的性质。

3分钟拓展知识

液态水存在于地表可归功于极化键。多数小分子在室温时是气体，但水却是极少数小分子液体中的一种。为什么呢？因为水的极化键很强，氢原子在一端，氧原子在另一端。氢原子尺寸小，使得分子间距小且相互作用很强。这种强相互作用使得分开水分子很困难。

我们从前面的条目知道，原子可通过共享电子结合在一起。但如果结合在一起的电子是不同种类的（两种不同的元素），则这种共享通常是不平衡的，即其中一个原子对电子的争夺比另一个原子强。结果就产生了极化键，极化键在某一侧带正电，在另一侧带负电。分子中极化键可叠加产生极化分子，极化分子间相互影响强烈，因为一个分子带正电的一端与一个相邻分子的带负电的一端互相吸引，就像一个磁体的北极与另一个磁体的南极相吸引，这样的吸引力影响了由极化分子组成的物质的特性。例如，相对于非极化物质，极化物质通常有更高的熔点和沸点，因为相邻分子间的吸引力使得分开分子更加困难。极化物质通常与非极化物质不能很好地混合起来。例如水和油不能很好地混合，因为水是一种强极化物质，而油是非极化物质。相反，水和乙醇以各种比例都能很好地混合，因为它们都是极化物质。

相关主题

原子结合　18页
物质结合力　32页
液态　36页

3秒钟人物

约翰尼斯·迪德里克·范·德·瓦尔斯
1837—1923
荷兰物理学家，最早假定分子间作用力的人之一

莱纳斯·鲍林
1901—1994
美国化学家，将化学键的极化数量化

本文作者

尼瓦尔多·特洛

极化分子的电荷分布不对称，导致极化分子间相互吸引。

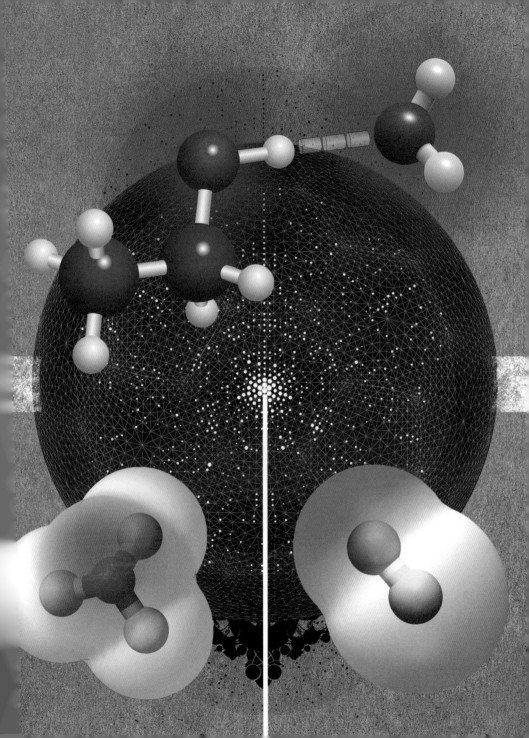

物质状态

物质状态
术语

非晶体固体 其原子或分子不以有序、重复和三维阵列方式布置的固体。

共价键 通过共享一个或多个电子而结合的原子。

晶体固体 其原子或分子以有序、重复和三维阵列方式布置的固体。

偶极子力 因电荷分布不对称使两个或多个极化分子间存在的吸引力。

分散力 因电荷波动产生的临时双极现象在原子和分子间产生的吸引力。

均匀混合物 处处具有相同成分的两种或多种成分的混合物。

分子间力 原子和分子间的吸引力。

离子键 因电子从一个原子转移到另一个原子而形成两个分子的结合。

"同类相溶"原则 极性分子与其他极性分子很好相溶，但与其他非极性分子相溶不好的原则，最适用于水溶液。

气体的宏观特性 一份气体样品的特性，如温度、体积、压力和分子数量。

渗透压力 使渗析流停止所需的压力。渗析流是指水通过半透膜从较稀的溶液流向较浓的溶液。

极化键 具有电荷不均匀分布的化学键。

极化分子 包含极化键同时分子中电荷分布不均匀的分子。

极化溶质 电荷分布不均匀的溶质。非极化溶质的电荷分布高度对称。

单液相 具有完全一致组成的液体混合物。

溶质 溶液中被溶剂溶解的物质。

溶剂 一种可以溶化固体、液体或气体溶质的液体。

蒸发压力 液体的蒸汽与液体处于平衡时的蒸汽压力。

物质结合力

30秒钟化学

3秒钟核心内容

固态和液态物质存在的原因是组成它们的粒子间具有较强的相互作用力。

3分钟拓展知识

为什么一些物质在常温下是固体，而其他物质是液体或气体呢？因为组成物质的粒子间的相互作用力不同。粒子间的强作用力是室温下产生固体的原因，中等强度的吸引作用力产生液体，而弱作用力则形成气体。温度越高，则需要越强的粒子间吸引作用力来维持液体和固体的状态。

物质以三种形态存在，即固体、液体和气体。在气体状态下，组成物质的粒子以较大间距分开，相互作用并不大。而在固体和液体状态下，粒子相互作用强烈，由吸引力结合在一起。一些固体（如钻石）通过原子间的共价键结合在一起（共价键让钻石非常坚硬）。其他固体（如食盐）通过离子间的离子键结合。至于更多其他固体（如冰）和很多液体是通过分子间的吸引作用力结合的，这些力被称为分子间力。分子间力存在的原因是分子内的电子分布要么短时间不对称而产生分散力，要么永远不对称而产生双极力。在每种情况中，不对称的电子分布让分子的一部分带正电荷（短时间或永久），而另一部分带负电荷。相邻分子的正电荷端和负电荷端互相吸引，就像磁体的不同磁极互相吸引，须克服这些作用力才能让物质熔化或沸腾。

3秒钟人物

约翰尼斯·迪德里克·范·德·瓦尔斯
1837—1923
荷兰物理学家，最先假定分子间存在力的人之一

本文作者

尼瓦尔多·特洛

冰中水分子间力的强度决定了水的熔点。

气态

3O秒钟化学

与固体和液体不同，气体有独特的性质，常常将其容器充满。18世纪末，体积、压力和气体数量的关系就已被人们用经验描述。热气球驾驶者雅克·查理（查理定律以其姓氏命名）和约瑟夫·盖-吕萨克不仅创造了热气球飞行的高度纪录，还用这些探险活动收集到气体温度与体积关系的数据。这些数据表明，气体占据的体积随着温度的升高而增大。罗伯特·波义耳证明气体占据的体积与其压力成反比，这个关系被称为波义耳定律。阿米地奥·阿伏伽德罗的理论认为气体是由分子构成的，而分子是由原子构成的，该理论的一个假设是相同体积的气体由相同数量的分子所构成。他的理论在当时几乎被人们忽略掉了。理解这些关系起源的进一步发展都需要化学家接受粒子的原子和分子本质。现在解释这些特性的模型是动力分子模型。

相关主题

物质由粒子构成
4页

能量和热力学第一定律　64页

3秒钟人物

詹姆斯·克拉克·麦克斯韦
1831—1879
苏格兰数学家，因其电磁理论的贡献而闻名，还在解释气体特性的统计意义方面做出贡献

本文作者

约翰·B.文森特

3秒钟核心内容
分子运动论依据气体粒子的特性，解释了气体的宏观性质。

3分钟拓展知识
分子运动论基于三个假设。组成气体的粒子，其尺寸很小，可以忽略，因此气体粒子几乎不占据气体的体积。气体粒子通常处于运动之中，其平均动能与气体的温度成正比。气体分子间的碰撞是完全弹性的，理由是碰撞中能量被传递时并未发生损失。

气体的特性让热气球和器械潜水成为可能。

液态

30秒钟化学

3秒钟核心内容

液体是由具有足够能量彼此流过、但通常没有足够能量完全克服相互作用力的分子构成的。

3分钟拓展知识

将水倒进杯子，水填充至一定的高度，水的形状与容器内部的形状是一致的。如果将水倒入方形的杯子，水就呈现方形状。如果让水在杯中停留数日，水只会慢慢蒸发掉。我们如何从一种特殊的视角来解释这种特性呢？

组成液体的分子就像是拥挤舞厅里的舞者。舞者们精力非常充沛，他们在楼层到处移动，与不同的人互动。他们被舞厅里的每个人吸引，希望与每个人共舞。与此类似的是，液体中的分子与周围所有其他分子都有作用力，但是这些分子能量巨大，并非处于静止状态，不断地互相经过。作为整体，舞厅里人们的形状同舞厅的形状是一样的。如果这些人都从一个方形的舞厅转移到一个圆形的舞厅，他们的整个形状将发生变化。与之类似的是，作为整体，水分子流动呈现其容器的形状。并非液体中的每个分子（或舞厅中的每个人）都有着相同的能量。一些分子的能量高一些，一些分子的能量低一些。少数分子具有更高的能量，于是能挣脱液体中其他分子的作用力，并自行离开液体成为气体分子（类似于主要在舞厅外舞蹈的舞者）。这就是液体的蒸发。

相关主题

物质由粒子构成
4页

物质结合力　32页

气态　34页

3秒钟人物

罗杰·约瑟夫·鲍斯科维奇
1711—1787
拉古萨（现位于克罗地亚）物理学家，预测物质的状态取决于其粒子间的作用力

弗郎索瓦·玛丽·拉乌尔
1830—1901
法国化学家，研究了溶液的特性

本文作者

杰夫·C.布莱恩

组成液态的分子通常处于运动中，与拥挤舞厅中的舞者并无不同。

固态

30秒钟化学

组成固体的粒子就像前一个条目（液态）里舞厅中的舞者，除了相较于粒子间作用力，粒子的能量要弱一些。舞者们仍然在摇晃，但是他们并不互相绕着晃动，因为他们与目前围绕在身边的人们作用力强。类似的情况是，固体中粒子间的作用力相较于粒子的能量也是很强的，于是粒子并不互相经过，这与粒子在液体中的状况不同。组成晶体固体的粒子不仅有固定位置，而且就像砌墙的砖头一样处于有序的状态。与之相反，组成非晶体固体的粒子处于一种更为随意的状态，就像是一堆通心粉。晶体固体（如盐和冰）通常比非晶体固体（如塑料或玻璃）的弹性要差一些。尽管组成固体的粒子并不互相经过或互相围绕运动，但它们也有摆动和摇动。固体的粒子被加热时，获得更多的能量。最终，当加热足够时，它们开始互相通过，而固体也开始融化。固体融化所需要的能量（温度）取决于分子之间相互吸引力的大小。

3秒钟核心内容
固体有确定的尺寸和形状，因为组成固体的粒子是有固定位置的。

3分钟拓展知识
固体与液体或气体表现不同，它们有着固定的形状和尺寸。与液体不同，固体不表现为其容器的形状，也不像气体是可压缩的。

相关主题
物质由粒子构成
4页
物质结合力　32页
液态　36页

3秒钟人物
威廉·劳伦斯·布拉格
1890—1971
英国物理学家，因发现探查固体结构的方法而获得1915年诺贝尔物理学奖

莱纳斯·鲍林
1901—1994
美国化学家，获得1954年诺贝尔化学奖，发展了人类对原子和分子吸引力的认识

本文作者
杰夫·C.布莱恩

固体中的分子就像是舞池中固定位置的舞者。

1627年

出生于爱尔兰利斯莫尔

1639年

被送去参加游历巴黎、日内瓦和佛罗伦萨的旅行

1644年

父亲去世后回到英格兰，与在伦敦的姐姐凯瑟琳（拉内勒夫夫人）一起生活，在伦敦他们是"隐形学院"的成员

1645年

搬到父亲位于英格兰多赛特郡斯塔尔布里奇的庄园生活，在那里建立自己的第一个实验室

1654年

搬到牛津，再次和姐姐住在一起。他和助手罗伯特·虎克建立了一个实验室。虎克做了一个"气动发动机"

1661年

出版了《怀疑派化学家》，在书中他强烈表达了微粒子或原子的假想，并提出了元素的定义

1662年

出版了《空气的跳跃》第二版，在书中建立了波义耳定律

1668年

搬回伦敦，在伦敦他和虎克又建立了一个实验室。此时"隐形学院"已成为"伦敦自然知识皇家学会"

1691年

在姐姐去世后一周，于伦敦去世

人物传略：罗伯特·波义耳

ROBERT BOYLE

罗伯特·波义耳于1627年出生于爱尔兰利斯莫尔的一座城堡中，是英国最富有的人之一科克伯爵理查德·波义耳的第13代孙。波义耳的父亲把12岁的儿子送去参加游历巴黎、日内瓦和佛罗伦萨的旅行，这让儿子在1641年爱尔兰大起义中安然无恙。在日内瓦，他经历了一场恐怖且威胁人类性命的大暴雨之后，发誓要将自己的生命奉献给在地球宣扬上帝的工作。随后他的宗教虔诚贯穿了他的生命。

他回到伦敦与姐姐凯瑟琳（拉内勒夫夫人）一起生活，他们一起成为"隐形学院"的早期成员，这个学院是因为早期并没有固定见面场所所以这样命名。该学院的成员见面讨论当时还被称为"自然哲学"的科学。在多塞特郡的斯塔尔布里奇，波义耳认识到观察和实验是科学研究的基石，于是他建立了自己的第一个实验室。

波义耳被认为是炼金术（alchemy）和化学的过渡人物，这种看法是合理的。他抛弃了炼金术中"al"的部分，对他最合适的称呼是"chymist"（化学家）。除了有很多其他兴趣，波义耳致力于炼金术，将"基础金属"转变为金的科学。从1654年开始，他和助手罗伯特·虎克在位于牛津的拉内勒夫夫人的家中建立起了一个实验室。虎克建造了一个"气动发动机"，

波义耳用这台机器建立了现今以他的姓氏命名的定律，该定律阐述了气体体积与其被施加的压力间的反比关系。他的实验对空气是由不连续且迅速移动的微粒（现在我们称为原子或分子）所构成的观点给予了极大的支持，这些微粒同容器壁发生碰撞产生了压力，这种压力被波义耳称为"空气跳跃"。

在其1661年出版的著作《怀疑的化学家》中，波义耳将元素定义为"某种原始而简单或完全不混合的物体"。他指出，亚里士多德认为元素仅限于土、空气、火和水的观点不为观察所支持。他的主要目标是在精确详细的实验方法基础上，构造好的假设，从而改造炼金术，让其更为科学。在伦敦，波义耳建立了另外一个实验室，除了其他研究，他还在分离和制造新元素磷方面非常积极。他还是一位高产的作家，写了40多部书，涉及多个主题，包括化学、哲学、医学和宗教。波义耳于1691年去世，去世前一周，他亲爱的姐姐刚刚去世。

格兰·E. 罗杰斯

陶瓷

30秒钟化学

3秒钟核心内容
陶瓷材料在技术上有用的特性取决于其原子的三维排列和将原子结合在一起的化学键的性质。

3分钟拓展知识
最早的陶雕像和陶罐制作于2万多年前，比金属工具早得多。后来的艺术家们使用更粗的陶瓷（如瓷器）和更细的陶瓷（如玻璃和水泥，二者如今在城市中随处可见）。研究陶瓷的科学家们继续制造新型的、在技术上有用的材料，最新的例子包括硅碳化切割工具、氮化硼润滑液、计算机硅芯片以及用硅土和羟磷石灰制成的生物玻璃基医用植入物。

陶瓷是人类文明中最重要的材料之一。陶瓷是由遍及材料的离子键或共价键网络结合在一起的固体。陶瓷与金属的区别在于，这些离子键或共价键在某种程度上是有方向性的，必须被打破才能让原子位面相对滑动。因此陶瓷不像金属可以轻易变形，但通常易碎且坚硬。陶瓷可由细细研碎的矿物混合后经过加热直至原子运动速度很快从而互相进入或直至矿物熔为单一液体状态而制得。冷却时，所形成的陶瓷中的原子通常以整齐晶体行列的方式排列。如果降温足够快，原子瞬时在其原材料的紊乱液体中凝固而形成玻璃。很多硅铝矿物制成的陶瓷含有共价键链或共价键片，可吸收片层之间的水和金属离子。这些硅铝矿物包含吸水后膨胀较大的黏土，以及精致中国瓷器的主要成分高岭土。

相关主题
路易斯化学键模型
22页
固态　38页

3秒钟人物
赫尔曼·塞格尔
1839—1893
德国化学家，是使用周期律表对陶瓷进行科学研究的先驱人物

拉斯特姆·罗伊
1924—2010
出生于印度的科学家，发明了从液体化学前驱体制作陶瓷的凝胶方法

W.戴维·金格里
1926—2000
美国材料科学家，首次将固体化学原则应用于陶瓷合成和处理

本文作者
史蒂芬·康克泰斯

陶瓷材料的结构和连接决定了陶瓷很多有用的特性。

溶液

30秒钟化学

3秒钟核心内容
当一种物质的粒子溶解在另一种物质（溶剂）中，改变了溶剂分子相互影响的方式，从而改变了溶液的特性。

3分钟拓展知识
物质各种状态下分子间作用力的本质部分程度上决定了一种物质是否溶解于另一种物质。"同性相溶"原理在确定物质在水中的溶解性时非常有用，极性溶质通常在水中可溶性最强，因为水是极化的。例如，盐在水中是可溶的，但油脂（绝大多数是非极化的）的情况则不同。

溶液是由一种物质（溶质）溶解在另一种物质（溶剂）中形成的均匀混合物。海水、空气和糖水是常见的溶液。水溶液是指水是溶剂的溶液。溶液的特性与组成溶液的成分特性不同。例如，盐水的冰点比纯水的冰点要低，这是淡水湖比海更容易结冰的原因之一。与之类似的是，与淡水相比，盐水具有较高的沸点、较低的蒸发压力和较高的渗透压。溶液的这些特性被称为溶液的"依数性"。这些性质最早是由剑桥大学化学教授理查德·沃森通过实验进行研究的，他对暴露在英国剑桥二月极寒气温下（$-14℃/6.8℉$）共18种水溶液的凝固时间进行了观察。他意识到，决定溶液凝固点降低程度的主要因素是溶质粒子的数量（浓度）而不是盐的种类。在应对道路结冰时，氯化钙（$CaCl_2$）比氯化钠（$NaCl$）效率更高，原因是氯化钙与结冰路面结合时有更多的可溶粒子。

相关主题
气态　34页
液态　36页

3秒钟人物
丹尼尔·伯努利
1700—1782
瑞士数学家，其著作《流体动力学》第一次以量化方式讨论了盐溶液

理查德·沃森
1737—1816
剑桥大学化学教授，首先进行实验测量，研究盐溶液的特性

本文作者
阿里·O.塞泽尔

盐溶液比纯水的冰点低，这就是盐被用于各种道路除雪和除冰的原因。

化学反应和能量

化学反应和能量
术语

酸　电离时生成的阳离子全部是氢离子（H^+）的化合物。酸碱中和，产物为水。

碱　电离时生成的阴离子全部是OH^-的化合物。碱酸中和，产物为水。

催化剂　增加反应率但不被反应所消耗的物质。

化学能　化学物质发生化学反应转化为其他物质的潜力。

化学反应　一种或多种物质（反应物）中的原子重新排列形成不同物质（产物）的过程。

电解作用　电解作用是引起氧化还原反应的过程。

电解质　在水中溶解时产生导电溶液的物质。

熵　物质微观热运动混乱和无序程度的一种度量。

酶　作为生物催化剂增加生化反应的蛋白质。

放热反应　向周围释放能量的反应。

过滤　使用过滤装置（漏斗或滤纸）将固体和液体分开的分离过程。

温室气体　大气中对可见光透明但吸收红外光的部分。温室气体就像是温室的玻璃，使得光可以进入但阻止热量散失。地球大气中最重要的三种温室气体为水蒸气、二氧化碳和甲烷。

碳氢化合物 仅含有碳和氢的有机化合物。

开氏温标 用于测量温度的绝对标尺。在开氏温标中，水的凝固点是273K，沸点是373K。最低可能温度（在此温度分子运动停止）为开氏温度的零度。

动能 与物体或粒子运动有关的能量。

中和 酸和碱的化学反应，通常产生水和盐。

氧化物 含氧的化合物。

势能 储存于一个系统内的能量，也可以释放或转化为其他形式的能量。

沉淀 两种溶液间发生的、产物为固体或沉淀物的反应。

反应物 任何经历化学反应的物质。在化学反应中，反应物反应形成产物。

热能 与原子和分子的随机热运动相关的能量。

热动力学 研究能量及其转化的学科。

过渡金属氧化物 包含过渡金属和氧的化合物。

原电池 使用自发化学反应产生电流的化学电池。

化学方程式

30秒钟化学

本文作者

尼瓦尔多·特洛

3秒钟核心内容

化学方程式是精确描述化学反应的一种方法。化学反应中，构成一种或多种物质的原子重新排列形成一种或多种不同物质。

3分钟拓展知识

化学反应时时处处存在。例如，车是由化学反应提供能量的，做饭是化学反应，而我们的身体维持着大量的化学反应，让我们可以思考、行动、进食及繁衍后代。化学方程式不仅代表了化学反应中反应物和生成物的身份，也提供了参加反应各物质的数量关系。

化学须在三个相关的世界间无缝地运动。这三个世界分别是以烧杯、烧瓶和试管为代表的实验室微观世界，我们不能看见但常常试图想象和理解的原子和分子的世界，以及我们在纸上用来代表原子和分子世界的符号世界。化学方程式是用符号代表原子和分子世界中变化的一种方法。这些变化称为化学反应，常常（尽管并非总是）在微观世界中带来显著的变化。例如，燃烧天然气是化学反应。在这个反应中，甲烷气体和氧气结合形成二氧化碳和水。在宏观世界中我们看到的是炉子顶部的蓝色火焰。在分子世界中，甲烷分子与氧分子结合，转变为二氧化碳分子和水分子。在符号世界中，我们用下面的化学方程式来代表该反应：

$$CH_4 + 2O_2 \rightarrow CO_2 + 2H_2O$$

化学方程式须是平衡的，即方程式的两边每种原子的数量须相同。为什么呢？因为在化学反应中，物质是守恒的，原子不能消失也不能凭空产生。

我们每天都见到化学反应，如天然气的燃烧。

燃烧反应和能量来源

30秒钟化学

早期人类使用的最早的化学反应是燃烧。在燃烧反应中，物质与氧结合，通常产生二氧化碳、水和其他氧化物。燃烧反应作用很大，因为它们发生的时候会产生热，这说明燃烧反应是放热的。某些分子，尤其是碳氢化合物，本身具有较高的势能，可通过燃烧被释放出来。因此，我们社会中的燃料通常都是碳氢化合物。天然气的主要成分是甲烷（CH_4）；液化石油气是丙烷（C_3H_8）和丁烷（C_4H_{10}）的混合物；石油是碳氢化合物的混合物，含五个或以上的碳原子，例如辛烷（C_8H_{18}）。煤炭也是我们能源方程式的主要部分，其主要成分是碳，它与氧气结合形成二氧化碳。这些燃料合起来被称为化石燃料，因为它们是从古老的植物和动物转化而来的。但是，化石燃料的燃烧并不是没有问题的。最让人类头疼的问题应当是二氧化碳的释放，它是一种影响地球环境的气体。从工业革命以来，大气中二氧化碳的含量增加了38%，地球平均温度增加了0.8℃。

相关主题

化学方程式　50页

碳氢化合物　96页

3秒钟核心内容

世界的能量很大部分来自化石燃料的燃烧，化石燃料在燃烧时产生了大量的能量。

3分钟拓展知识

能量对社会的生活水平影响至关重要。通常来说，随着生活水平的提高，能源消耗也会增加。我们当前的能源来源正在减少，但仍正在制造环境问题。向可再生能源如太阳能或风能的转变很缓慢，但还是稳定的。使用可再生能源的主要挑战是成本高及本质上的不连续性。

3秒钟人物

安东尼·拉瓦锡
1743—1794
法国化学家，为人类对化学反应尤其是燃烧的认识做出了杰出贡献

本文作者

尼瓦尔多·特洛

燃烧在产生能量和工业中是广泛存在的。

酸碱中和

30秒钟化学

3秒钟核心内容
酸在水中产生H^+，而碱在水中产生OH^-。酸碱发生反应，生成水，互相中和。

3分钟拓展知识
pH值用来度量溶液的酸碱度。pH值越低，则H^+的浓度越高，溶液的酸性也越强；pH值越高，OH^-的浓度越高，溶液的碱性越强。纯水是中性的，pH值为7。胃酸的pH值为1.6，番茄汁的pH值为4.2，海水的pH值为8.2，氧化镁溶液$Mg(OH)_2$的pH值为10.4。

大多数人是通过味觉了解酸的，比如醋是酸的。柑橘类的水果、醋、碳酸饮料、酸奶和酸味糖果都因含有酸而具有刺激性的美味。化学家们通常不用味觉感知其成果，而是常将酸定义为在水中溶解时产生氢离子（H^+）的化学物质。如果酸是一种阴性的化学物质，那么碱就是阳性的化学物质。碱通常尝起来苦涩，并在水中产生与氢离子相反的氢氧离子（OH^-）。当酸碱中和时，氢离子与氢氧离子结合形成HOH（即水分子）：

$$H^+ + OH^- \rightarrow H_2O$$

这类反应称为中和反应。如果等量的H^+和OH^-混合，得到的溶液既不包含H^+也不包含OH^-，因为所有的H^+和OH^-都反应产生了水，所以得到的溶液既非酸性也非碱性。人类的胃用氯化氢（HCl）来帮助消化食物。如果我们吃得过多，尤其是酸性或肥腻的食物，胃就会制造过多的HCl，导致我们感觉不舒服（有时候称为"反酸"）。为了中和过多的胃酸，我们可以服用抑酸剂。抑酸剂是类似氢氧化钙$Ca(OH)_2$、氢氧化镁$Mg(OH)_2$、碳酸钙$CaCO_3$的碱，能中和过多的胃酸。

相关主题
异性相吸　26页
溶液　44页
化学方程式　50页

3秒钟人物
斯凡特·阿伦尼乌斯
1859—1927
瑞典化学家，1903年诺贝尔化学奖获得者，他首先提出了本条中酸和碱的定义

约翰尼斯·布朗斯特
1879—1947
丹麦化学家

马丁·劳瑞
1874—1936
英国化学家
这两人根据酸碱反应的方式定义了酸和碱

本文作者

杰夫·C.布莱恩

抑酸剂包含中和胃酸的碱，而胃酸是胃灼热的原因。

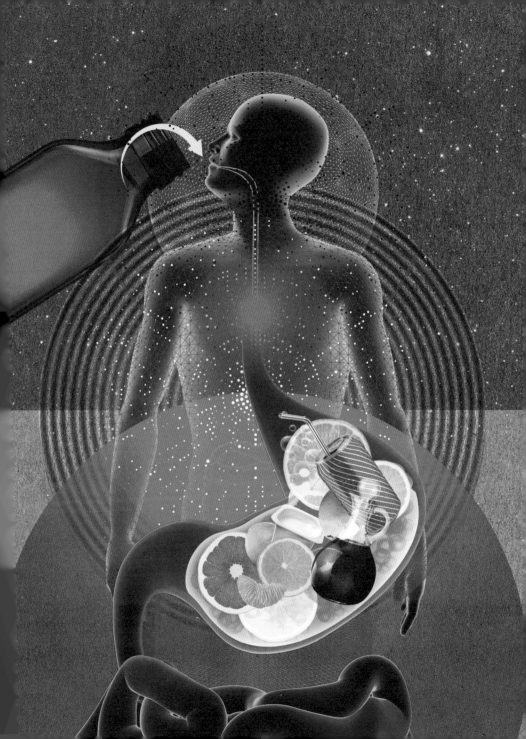

沉淀反应产生固体

30秒钟化学

3秒钟核心内容
沉淀反应发生时，两个离子结合力非常之强形成了固体。

3分钟拓展知识
当需要从溶液中移走某些东西时，沉淀作用非常有用。例如，水处理设备可以利用沉淀反应来去除水中不想要的杂质。如果化学反应发生在溶液中，且产物在该溶液中不可溶，则该产物会在溶液中以固体形态析出，并可用过滤装置分离出来。

两个朋友夜里外出去城里，都想寻找爱人。其中一个人被一个极具魅力的陌生人吸引，他们俩一旦在一起，就因吸引力如此之大而再也分不开了。于是离开了另一个朋友的视线，与之失去了联系。这个场景与一种叫作沉淀反应的化学反应类似。当水中两种或多种离子混合，它们最初被附近的水分子吸引。但当离子因热能而在周围运动时，不同离子相互遇到就结合在一起。如果吸引力足够强，两个离子就会结合在一起并从溶液中析出形成固体。如果吸引力不是很强，这些离子就不会结合而是保留在溶液中。例如，当银离子（Ag^+）和氯离子（Cl^-）混合时，它们结合在一起形成固体沉淀。但钠离子（Na^+）与氯离子的吸引力要小得多，因此它们不形成沉淀。有时候在水质较硬的水中洗澡会看到"浴缸圈"条纹，就是因为硬水中的离子和肥皂中的离子发生了沉淀反应。

相关主题
异性相吸　26页
固态　38页
陶瓷　42页

3秒钟人物
莱纳斯·鲍林
1901—1994
美国化学家，1954年诺贝尔奖获得者，发展了人类对原子和分子相互吸引方式的认识。

本文作者
杰夫·C.布莱恩

在沉淀反应中，两种液体混合后形成固体。

用化学发电

30秒钟化学

3秒钟核心内容

失去电子发生氧化反应，而得到电子发生还原反应。两种反应物交换电子发生氧化还原反应。

3分钟拓展知识

金属暴露于含有氧化剂的环境中时被氧化形成腐蚀。当该金属是铁时，氧化过程就是锈蚀。铁锈是铁暴露在湿气和氧气下生成的三价铁氧化物的水化合物形式。锈蚀的程度取决于环境的酸性和是否存在电解液帮助传递电流。使用与铁接触且更易氧化的牺牲电极可延缓铁的锈蚀。

电子从一种化学物质转移到另一种化学物质的化学反应称为氧化还原反应。这种类型的化学反应可让获得电子的物质（被还原的物质，称为氧化剂）不与失去电子的物质（被氧化的物质，称为还原剂）相接触而用于发电。电子被迫在外部电流中通过，从还原剂移动到氧化剂。这被称为原电池。单独的独立电池或一系列独立电池以蓄电池的形式工作，它们产生电流。用于启动汽车发动机的铅蓄电池由六块含铅和浸入硫酸溶液（蓄电池用酸）的氧化铅的原电池组成。电池组（如手电筒中的干电池）利用了锌和镁的二氧化物。用于计算机或手表的纽扣电池也使用锌，但使用氧化汞或氧化银作为氧化剂。锂离子电子用石墨片间的锂作为还原剂，氧化锂作为氧化剂。

相关主题

化学方程式　50页

3秒钟人物

迈克尔·法拉第
1791—1867
英国科学家，发明了氧化值体系，并命名了与电化学相关的多个术语

瓦尔特·赫尔曼·能斯特
1864—1941
德国化学家，提出了浓度和电压之间关系的方程式

本文作者

约翰·B.文森特

电池利用包含电子转移的化学反应来发电。

反应率和化学动力学

30秒钟化学

3秒钟核心内容

化学反应率是指反应发生的快慢，取决于反应物的浓度、温度和是否有催化剂。

3分钟拓展知识

尽管氮气和氧气是稳定的，但在汽车发动机的温度下它们发生反应生成氧化氮气体（NO）。氧化氮是一种导致酸雨和烟雾的空气污染物，通过催化剂转换器被消除。在这个转换器中，废气通过充满过渡金属氧化物的蜂巢状氧化铝部件，过渡金属氧化物作为催化剂将氧化氮重新转化为氧气和氮气。

化学反应的速度有快有慢。化学爆炸发生迅速，产生大体积的热气体。但很多化学物质是稳定的，它们因反应速度很慢而可被存放在瓶中。幸运的是，化学反应的速度是可控的。研究化学反应的领域是化学动力学。加快反应速度的一种方法是提高温度。基于这个原因，温度越高，烹饪食物的反应越快。增加反应物质的浓度或表面积也会加快化学反应的速度。人们可以手握铁钉不发生反应，但如果铁钉被磨成粉末从而大大增加其表面积，铁末便可在空气中燃烧。人们身体内许多化学物质的浓度必须被仔细调节，以保持身体健康。人的身体通过调节大量化学反应的速度来达到身体健康。加快慢反应的速率的蛋白质被称为酶，这些生物分子被称为催化剂。催化剂是不被反应所消耗但能改变化学反应速度的物质。

相关主题

化学方程式　　50页

用化学发电　　58页

3秒钟人物

雅各布斯·亨里克斯·范托夫
1852—1911
荷兰化学家，获得首个诺贝尔化学奖，部分原因是他用画图的方法确定反应快慢取决于反应物的浓度

亨利·陶布
1915—2005
美国化学家，因将化学反应同电子结构结合起来而获得1983年诺贝尔化学奖

本文作者

约翰·B.文森特

控制化学反应发生的速度使得人们能降低污染，并制成新的分子。

1778年
出生于英格兰西南部的彭赞斯

1795年
成为外科医生和药剂师的学徒

1797年
通过阅读刚被送上断头台的安东尼·拉瓦锡的《化学基础论》法文版学习化学

1798年
成为托马斯·贝多思位于布里斯托的气动研究院的主任

1799年
制备并吸入一氧化二氮，其昵称是"笑气"

1800年
出版了《化学和哲学研究：主要关于吸入一氧化二氮的化学及科学研究》

1800年
亚历桑德罗·伏特于1796年发现化学电池（称为"伏打电堆"）的消息传至英格兰

1801年
受邀成为新成立的英国皇家学院的讲师

1802年
被任命为英国皇家学院的化学教授，很快就在地下室建起一个巨大的伏打电堆

1807—1808年
使用伏打电堆，在两年时间里发现六种元素（钠、钾、镁、钙、锶和钡）

1810年
"发现"迈克尔·法拉第，推动他走上了辉煌的化学学术之路

1812年
被封为爵士，结了婚，退了休，携妻子及法拉第一起周游欧洲大陆，访问主要的实验室

1815年
发明了矿工工人的安全灯

1829年
因身体长期虚弱在瑞士日内瓦去世

人物传略：汉弗里·戴维

HUMPHRY DAVY

汉弗里·戴维是一个"有很多鬼点子的人，对爆炸充满兴趣，是天生的化学家"。他在幼年时期喜欢垂钓、打猎、阅读、讲故事和写诗。十几岁的时候，他喜欢烟花和其他爆炸性的化学反应。后来他成为外科医生和药剂师的学徒，但犹豫一番后放弃了这个职业而成为托马斯·贝多思位于布里斯托的气体研究院的主任。这间医疗机构得以建立的目的是研究气体对改善人类健康的效果，它让戴维有机会制备一氧化二氮，研究其特性并对其进行提纯。早期的研究人员曾认为一氧化二氮导致了瘟疫。戴维不相信这一点，他吸入了一点这种气体。当意识到自己并未因此而死去后，他很快发现这种闻起来甜甜的气体具有很强的麻醉性。因为一起参加研究的人们咯咯地笑，笑得很大声，戴维便将这种气体命名为"笑气"。

在布里斯托，戴维与来自各种各样背景的知识分子成为朋友。他的英俊外表、个人魅力和演讲能力与震撼人们的发现，让他成为冉冉升起的新星。尽管后来贝多思的诊所可能不会长久是一件很明显的事情，戴维还是成功成为一个优秀的化学家。幸运的是，他很快找到了一个令人振奋的新领域，这个新领域是由亚历桑德罗·伏特通过发明现在被称为伏打电堆的化学电池而偶然建立的。与他的个性相符

的是，他做的第一件事情就是建立了自己的电堆，并兴高采烈地测试其效率！

1801年，戴维受邀成为新成立的英国皇家学院的讲师。很快他在这里进行了一系列深受欢迎的演讲，并因吸引人眼球的演示而变得更受欢迎。当时他是一个极其英俊的年轻男性，天生具有调动受众的才能，因此他吸引了很多人，包括当时很多的年轻女性。他的一个崇拜者承认"受众的眼睛除了要观察坩埚的溢出，还要用来做别的事情"。戴维在研究金属氧化物的电解方面非常活跃，他在两年（1807—1808年）的时间里发现了六种元素即钠、钾、镁、钙、锶和钡，成为当时主要的化学家。

他对亲身实验兴趣很大，带来的伤害让他身体变得衰弱，所以他让迈克尔·法拉第成为自己的助手。戴维常说，法拉第是他最重要的"发现"。1812年，戴维被封为爵士，结了婚，还开始对欧洲大陆进行访问。一回到英国他就发明了矿工的安全灯，拯救了很多生命。他在人生最后三分之一的时间里身体一直不好，五十岁生日后没多久就去世了。但在他短暂却让人激动的生命中，他是化学作为一门新科学最好的践行者和发言人。

格兰·E. 罗杰斯

能量和热力学第一定律

30秒钟化学

相关主题
熵和热力学第二定律
66页
熵和热力学第三定律
68页
熵和自发过程 70页

3秒钟核心内容
根据热力学第一定律，能量可被传递或交换，但能量不能被制造或毁灭。

3分钟拓展知识
热力学第一定律表明，能量不能被凭空制造出来。任何人试图用稀薄空气制造能量的企图都失败了。当然该定律并未阻止人们的尝试行为。但是就我们所知，能量的自发创造是不可能的。也就是说，就能量而言，不可能无中生有。

宇宙有一种量被我们称为能量。物体可具有能量，也可将能量传递给其他物体，但能量不能被制造或毁灭。存在的能量的总量是固定的，这个原则被称为热力学第一定律。更精确的表达是能量是一个常数，但我们在这里稍作简化，我们正式将能量定义为物体在另一个物体上施加一定的力运动一定距离的能力。例如，一辆行驶的汽车具有能量，因为该车有能力撞击另一个物体，并在一段距离上作用一个力。能量可以表现为各种不同的形式。行驶的汽车具有动能，这与汽车的运动有关。所有温度高于绝对零度的物质都有热能，热能是一种与组成物质的粒子的随机运动有关的动能，这种运动取决于温度的高低。温度越高，热能就越大。你正在阅读的这本书具有势能，势能与一个物体的位置相关。化学物质具有化学能，化学能是与所有电子和质子的位置相关的能量。根据热力学第一定律，能量可被传递或交换，但从不可被制造或毁灭。

3秒钟人物
鲁道夫·克劳修斯
1822—1888
德国物理学家，提出了热力学第一定律最早的版本之一

本文作者
尼瓦尔多·特洛

蒸汽机是由燃料燃烧传递的能量所驱动的。

熵和热力学第二定律

30秒钟化学

3秒钟核心内容

所有的自发过程中，熵增加。

3分钟拓展知识

热力学第二定律表明，无须能量输入而永远保持运动的永动机是不可能存在的。机器每一周期的运动中，都必须存在能量散失以维持运动。于是，机器的能量必然会随着时间而降低，并最终停止运动。

我们已经看到，在能量的交换中，人们不可能占到便宜，即能量不可能无中生有。但更糟糕的是，人们甚至不可能不赔不赚。在我们的宇宙中，能量总是尽可能地散失或自我随机化。热力学第二定律描述了这种无处不在的趋势，即在任何自发过程中，一种叫作熵的数值（可将熵认为是能量随机性或能量散失的一种度量）总是在增加。毫无疑问，每次人们端着一杯热饮时，就经历了热力学第二定律。热饮中的热能自我散失到周围环境中，饮料自发地降温，而饮料周围的空气温度微升。设想在一个宇宙环境中，当饮料周围的能量传递进入饮料时，饮料变热，周围环境变冷！根据热力学第二定律，这是不可能的。该定律指出，在任何能量交换中，如果能量交换要发生，则一些能量必须被散失掉。也就是说，自然通常征收热量税。例如，给电池充电常常需要比电池放电时可以使用的能量更多的能量。这就是热力学第二定律。也就是说，就能量而言，人们不可能不赔不赚。

相关主题

能量和热力学第一定律 64页
熵和热力学第三定律 68页
熵和自发过程 70页

3秒钟人物

尼古拉·莱昂纳尔·萨迪·卡诺
1796—1832
法国物理学家，在热力学发展中起到了重要作用

鲁道夫·克劳修斯
1822—1888
德国物理学家，在形成热力学第二定律中起到了重要作用

本文作者

尼瓦尔多·特洛

根据热力学第二定律，永动机是不存在的。

熵和热力学第三定律

30秒钟化学

3秒钟核心内容

绝对零度下理想晶体的绝对熵为零。

3分钟拓展知识

熵是每一单位温度下能量散失到系统中的度量。因此，向系统中散失等量的能量时，与向温度较高的系统散失热量相比，向温度较低的系统散失热量时将引起较大的熵。我们在下一个条目中将看到，冰在其熔点上方融化，而不会在熔点下方融化。

根据热力学第一定律，人们在能量方面不可能占便宜，因为能量不可能无中生有。根据热力学第二定律，人们不可能不赔不赚，因为每次能量交换都必然要导致能量向周围环境散失。根据热力学第三定律，人们还不可能从这个游戏中退出。在热力学中，"退出游戏"是指达到最低可能的温度，即开尔文零度或绝对零度。绝对零度下，原子和分子运动几乎停止。热力学第三定律表明，理想晶体的熵在绝对零度时为零。该定律有两个含义：第一个含义是与其他热力学量不同，熵在绝对温度下是可以测量的，所有的理想晶体在绝对零度时熵为零，随着温度上升，能量散失到晶体中，晶体的温度和熵都增加；第二个含义是绝对零度通过有限步骤是不可能达到的，可能通过无限次冷却可达到绝对零度。因此绝对零度是不可能达到的。

相关主题

能量和热力学第一定律　64页

熵和热力学第二定律　66页

熵和自发过程　70页

3秒钟人物

瓦尔特·赫尔曼·能斯特
1864—1941
德国化学家，提出了热力学第三定律，因其贡献获得1920年诺贝尔化学奖

本文作者

尼瓦尔多·特洛

瓦尔特·赫尔曼·能斯特提出的热力学第三定律表明，绝对零度是不可能达到的。

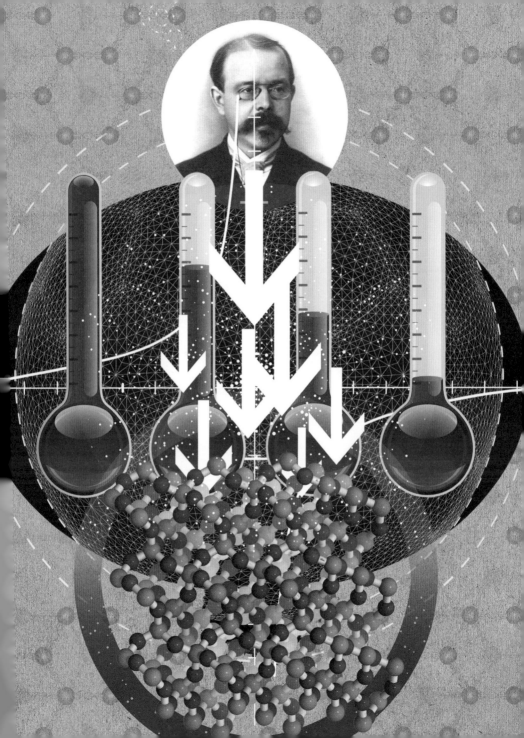

熵和自发过程

30秒钟化学

3秒钟核心内容

如果一个过程增加了宇宙的熵（能量散失），则这个过程是自发过程。

3分钟拓展知识

导致熵减少的过程是不可能的，这样的过程是不会自发发生的。铁自发与氧气作用形成铁化合物（铁锈），这一过程使宇宙的熵增加。但是铁氧化物可被还原成铁。事实上，将铁氧化物制造成金属铁依赖还原作用。

决定一个过程是否会发生的标准很简单，即该过程是否会导致熵的增加。以水结冰为例。水在0℃以下自动结冰。为什么呢？当水结冰时，水分子变得更为有序，水分子包含的能量变得不那么随机了，即它们的熵降低了。但这个过程为什么是自发发生的呢？因为当水结冰时，水放出热量（能量散失），周围环境熵的增加取决于温度。我们可用一个简单的类比来理解这个概念。如果你给一个穷人1000英镑，则大大增加了此人的净财富值。但如果你给一个富人同样1000英镑，则影响就可以忽略不计。同样的，如果你将等量的能量散失到冷的周围环境中，就大大增加了周围环境的熵；但如果你将等量的能量散失到热的周围环境中，则周围环境熵的增加值较小。当水在0℃以下结冰时，散失到周围环境中的热足以增加周围环境的熵，散失的热量不仅可以补偿水分子熵的降低，还能让宇宙的熵总体增加，因此就出现了自发过程。

相关主题

能量和热力学第一定律　64页

熵和热力学第二定律 66页

熵和热力学第三定律 68页

3秒钟人物

约西亚·威拉德·吉布斯
1839—1903
美国物理学家，提出了过程自发性的主要标准

路德维希·玻尔兹曼
1844—1906
奥地利物理学家，提出了热力学第二定律统计描述

本文作者

尼瓦尔多·特洛

当冰在高于其熔点的温度融化时，宇宙的熵就增加了。

无机化学

无机化学
术语

同素异形体　同种元素的两种或多种形态，具有不同的结构及因此产生的不同特性。

催化性能　可作为催化剂的能力。催化剂是增加化学反应速度而不被反应消耗的物质。

氟氯化碳（氟利昂）（CFCs）　空调和冰箱中常见的制冷剂，因对地球臭氧层的危害而现在被禁止使用。

色轮　包含不同颜色、表示颜色之间关系的环形或轮形。可根据物体吸收的颜色用色轮预测物体的颜色。

互补色　色轮上相反的两种颜色。互补色之间具有高对比度。

络合物　（过渡金属络合物）含有由过渡金属与一个或多个配位基结合的化合物或离子。

连接原子　相互连接形成链结构的原子。

晶体场理论（配位场理论）　无机化学中的键理论，配位场让出一个电子对给中央金属离子。

衍射光栅　刻有一系列间距很小的线条，以不同角度反射不同波长光的表面。衍射光栅可将白光分解成其组成的颜色。

电磁波谱　电磁辐射频率的范围，两端分别是低频率的无线电和高频率的伽马射线。

燃料电池　从连续燃料供应中产生电流的电化学电池。

球壳状碳分子　具有球状、管状或其他类似结构的碳分子。

石墨烯　碳的一种形态，由仅一个原子厚度的碳原子薄片组成。

石墨 碳的一种形态，由结合成碳原子薄片的碳原子构成，碳原子薄片互相叠加。

配位体 过渡金属络合物中将电子对让予中心金属离子的分子或离子。

准金属 元素周期表中沿着金属和非金属边界排列的元素。准金属的特性介于金属和非金属之间。

氧化态 如某原子的所有结合电子都被让予吸引电子能力最强的负电原子后，该原子所具有的电荷数。

光合作用 植物将二氧化碳、水和阳光转换成葡萄糖和氧气的过程。

棱镜 透明的光学元件，通常形状为三角形，可以不同程度地弯折不同波长的光。当白光通过棱镜时，光被分解为其组成的颜色。

反应物 任何经历化学反应的物质。在化学反应中，反应物反应形成产物。

硅酸盐 包含硅、氧，有时候包含不同金属原子的化合物。硅酸盐形成网络共价结构，具有高熔点。

平流层 大气层的一层，始于地球表面上方10km（稍高于6英里），被下方的对流层和上方的中间层夹在中间。

酶作用物 酶（化学催化剂）作用的分子。

过渡金属 元素周期表中中部数量较多的区块（D区）中的元素。与主族金属相比，过渡金属的特性通常按照其在元素周期表中的具体位置不太好预测。

价电子 原子中具有最高能量的电子（即在原子结合中最重要的电子）。

津特尔离子 主族元素的离子群。

唯一性原理

30秒钟化学

元素周期表包含从未被标示的一条线。这条看不见的线位于第二行和第三行之间，在这里硼和铝相邻，碳和硅相邻，一直到氟和氯相邻。相较于这条线以下的元素，这条线上的元素与原子形成的连接较少，严格受到最多八个"价"电子或结合水平级电子的限制。因此，氧与自身（即O_2或O_3）形成一氧化物或二氧化物，硫、硒和碲形成一氧化合物、二氧化合物或三氧化合物，如SO、SO_2和SO_3。类似的，氮形成三氮化合物，而磷、砷和锑形成三氯化合物和五氯化合物，例如PCl_3和PCl_5。但与更后面的元素不同，第二行的非金属因足够小而形成强不饱和键，这种性质让它们能形成紧凑的分子，且其中较重的元素能形成连接原子的扩展结构。例如，碳形成三重和双重连接的氧化物CO和CO_2，而较重的硅、锗、锡和铅与氧反应生成三维固体网络，仅由单键连接。

相关主题
周期模式　16页
路易斯化学键模型
22页
碳：不仅仅用于铅笔
86页

3秒钟人物
维克多·高尔施密特
1888 — 1947
瑞士晶体化学家，按照主要位置将元素进行分类

本文作者
史蒂芬·康克泰斯

3秒钟核心内容
元素周期表中第二行的元素，其特性与更重元素的特性不同，因为前者形成了强大的多重键，且不超过八个价电子。

3分钟拓展知识
唯一性原理的一个结果就是行星大气的大部分由第一行和第二行元素组成。地球大气大部分是由氮和氧组成的，火星大气大部分是二氧化碳，而气体巨星的大气基本上是氢、氦、甲烷和氨气。与之不同的是，诸如地球和火星的行星，其地壳包含大量的硅矿物，其中很多都含有链、薄片和三维网络，由硅氧单键连接。

元素周期表第二行的元素是独特的，它们与第三行的元素非常之不同。

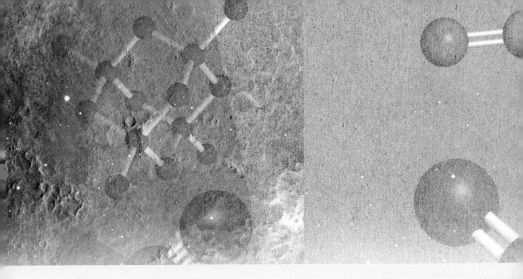

元 素 周 期 表

原子序数 ←→ **19 K** → 元素符号
钾
原子量 ←→ 39.0983(1) → 元素名称
注*的是人造元素

族																		电子层
I A																	**VIII A**	
1 H 氢 1.00794(7)	**II A**											**III A**	**IV A**	**V A**	**VI A**	**VII A**	2 He 氦 4.002502(2)	K
3 Li 锂 6.941(2)	4 Be 铍 9.012182(3)											5 B 硼 10.811(7)	6 C 碳 12.0107(8)	7 N 氮 14.0067(2)	8 O 氧 15.9994(3)	9 F 氟 18.9984032(5)	10 Ne 氖 20.1797(6)	L K
11 Na 钠 22.989770(2)	12 Mg 镁 24.3050(6)	**III B**	**IV B**	**V B**	**VI B**	**VII B**		**VIII B**			**I B**	**II B**	13 Al 铝 26.981538(8)	14 Si 硅 28.0855(3)	15 P 磷 30.973761(2)	16 S 硫 32.065(5)	17 Cl 氯 35.453(2)	18 Ar 氩 39.948(1)	M L K
19 K 钾 39.0983(1)	20 Ca 钙 40.078(4)	21 Sc 钪 44.955910(8)	22 Ti 钛 47.867(1)	23 V 钒 50.9415	24 Cr 铬 51.9961(6)	25 Mn 锰 54.938049(9)	26 Fe 铁 55.845(2)	27 Co 钴 58.933200(9)	28 Ni 镍 58.6934(2)	29 Cu 铜 63.546(3)	30 Zn 锌 65.409(4)	31 Ga 镓 69.723(1)	32 Ge 锗 72.64(1)	33 As 砷 74.92160(2)	34 Se 硒 78.96(3)	35 Br 溴 79.904(1)	36 Kr 氪 83.798(2)	N M L K
37 Rb 铷 85.4678(3)	38 Sr 锶 87.62(1)	39 Y 钇 88.90585(2)	40 Zr 锆 91.224(2)	41 Nb 铌 92.90638(8)	42 Mo 钼 95.94(2)	43 Tc 锝* 97.907	44 Ru 钌 101.07(2)	45 Rh 铑 102.90550(2)	46 Pd 钯 106.42(1)	47 Ag 银 107.8682(2)	48 Cd 镉 112.411(8)	49 In 铟 114.818(3)	50 Sn 锡 118.710(7)	51 Sb 锑 121.760(1)	52 Te 碲 127.60(3)	53 I 碘 126.90447(3)	54 Xe 氙 131.293(6)	O N M L K
55 Cs 铯 132.90545(2)	56 Ba 钡 137.327(7)	57-71 La-Lu 镧系	72 Hf 铪 178.49(2)	73 Ta 钽 180.9479(1)	74 W 钨 183.84(1)	75 Re 铼 186.207(1)	76 Os 锇 190.23(3)	77 Ir 铱 192.217(3)	78 Pt 铂 195.078(2)	79 Au 金 196.96655(2)	80 Hg 汞 200.59(2)	81 Tl 铊 204.3833(2)	82 Pb 铅 207.2(1)	83 Bi 铋 208.98038(2)	84 Po 钋 208.98	85 At 砹 209.99	86 Rn 氡 222.02	P O N M L K
87 Fr 钫* 223.02	88 Ra 镭 226.03	89-103 Ac-Lr 锕系	104 Rf 𬬻* 261.11	105 Db 𬭊* 262.11	106 Sg 𬭳* 263.12	107 Bh 𬭛* 264.12	108 Hs 𬭶* 265.13	109 Mt 鿏* 266.13	110 Ds 𫟼* (269)	111 Rg 𬬭* (272)	112 Cn 鿔* (277)	113 Uut * (278)	114 Fl 𫓧* (289)	115 Uup * (288)	116 Lv 𫟷* (289)		118 Uuo * (294)	Q P O N M L K

镧系	57 La 镧 138.9055(2)	58 Ce 铈 140.116(1)	59 Pr 镨 140.90765(2)	60 Nd 钕 144.24(3)	61 Pm 钷* 144.91	62 Sm 钐 150.36(3)	63 Eu 铕 151.964(1)	64 Gd 钆 157.25(3)	65 Tb 铽 158.92534(2)	66 Dy 镝 162.500(1)	67 Ho 钬 164.93032(2)	68 Er 铒 167.259(3)	69 Tm 铥 168.93421(2)	70 Yb 镱 173.04(3)	71 Lu 镥 174.957(1)
锕系	89 Ac 锕 227.03	90 Th 钍 232.0381(1)	91 Pa 镤 231.03588(2)	92 U 铀 238.02891(3)	93 Np 镎 237.05	94 Pu 钚 244.06	95 Am 镅* 243.06	96 Cm 锔* 247.07	97 Bk 锫* 247.07	98 Cf 锎* 251.08	99 Es 锿* 252.08	100 Fm 镄* 257.10	101 Md 钔* 258.10	102 No 锘* 259.10	103 Lr 铹* 260.11

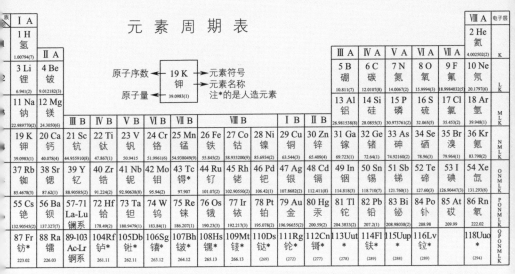

颜色

30秒钟化学

3秒钟核心内容

有颜色的物体之所以看上去有颜色，是因为它们吸收一定频率的可见光，并反射或传递其他频率的光。

3分钟拓展知识

我们的眼睛能看到电磁波谱中很窄范围的频率。这个频率范围决定了所有我们能看见的颜色。我们的大脑已进化至能将颜色作为区分物体的一种手段。现在的光谱仪精确测量物质吸收的频率，是物质识别方面最有力的科学设备之一。

当白光通过棱镜时，光被分散为颜色的光谱。光的范围始于频率最低的红色，经橙色、黄色、绿色、蓝色，最终到达频率最高的紫色。吸收各种频率可见光的物质看上去是黑色的，而反射各种可见光的物质看上去是白色的。有颜色的物体对观察者来说具有颜色，是因为它们吸收固定频率（或波长）的可见光，并反射其他频率（或波长）的可见光或让其通过。物质的精确颜色取决于何种频率的可见光被吸收。通常来说，物质显现的颜色与其吸收的颜色相互补，在色轮上与被吸收的颜色相对。例如，显现黄色的物质吸收紫色光（与黄色光互补）。过渡金属络合物常常颜色较深，原因是它们吸收可见光域中固定频率光的能力较强。这些络合物通常外部电子层未被填满，可以接收被特定频率可见光激发的电子。被吸收的颜色取决于d轨道间的分离，而d轨道取决于被金属吸引的配合体。

相关主题

集群化学　80页
过渡金属催化剂
82页

3秒钟人物

阿尔弗雷德·维沃纳
1866—1919
瑞士化学家，因在现在结构化方法发明前预测多个过渡金属络合物的三维结构而获得1913年诺贝尔化学奖

约翰·哈斯布鲁克·范·弗莱克
1899—1980
美国物理学家，1977年获诺贝尔物理学奖，对晶体物理即配位体场理论的前身的发展做出了重要贡献。

本文作者

约翰·B.文森特

当白光通过棱镜时，分解成组成白色的各种颜色。

集群化学

30秒钟化学

3秒钟人物

威廉·N.利普斯科姆
1919－2011
美国化学家，对硼氢化合物的结构和连接进行了早期研究

肯尼斯·韦德
1932－2014
英国化学家，发现了预测集群化合物形状和稳定性的"韦德规则"

本文作者

史蒂芬·康克泰斯

3秒钟核心内容

当原子和离子共享电子并在多边形中集合起来时，形成集群化合物。

3分钟拓展知识

地球上多数最重要的生命反应都是由蛋白质中携带金属的集群促进的。例如，含有铁和硫的集群促进电子在很多生物体系中的运动，其中包括我们细胞的呼吸链通过将氧转化为水获得能量的过程。在光合作用中，植物逆转这一过程，从阳光中获得更多的能量，在含四个锰离子和一个钙离子的集群中产生氧气。

在一些分子、离子和材料中，将原子结合在一起的电子是由一组集群原子共享的。例如，一些金属和准金属可变成溶于液体的金属残片，而很多过渡金属和氯、硫或二氧化氮在合适条件下结合时形成集群。后者中的一些集群尽管尚未被发现工业用途，但它们在一些商业上重要的反应中起着催化剂的作用。有时候集群是以不连续单元的形式存在的，而另一些时候它们是以网络形式结合在一起的。例如固态的 $MoCl_2$ 是由 Cl^- 介入从而连接的八边形 $Mo_6Cl_8^{4+}$ 组成的。但在有额外氯元素并加热时，连接被破坏，产生不连续的 $Mo_6Cl_{14}^{2-}$ 单元。集群中电子和原子的比例影响着集群的形状。当集群中有足够的电子来约束时，集群会尽可能紧实，以最小的多边形来容纳所有的核心原子。与之相反的是，带更多电子的集群通常呈开放的状态，多边形较大，顶点未被占满，产生有时候看起来像分子网的集群。

集群化合物有着多边形的形状和独特的特性。

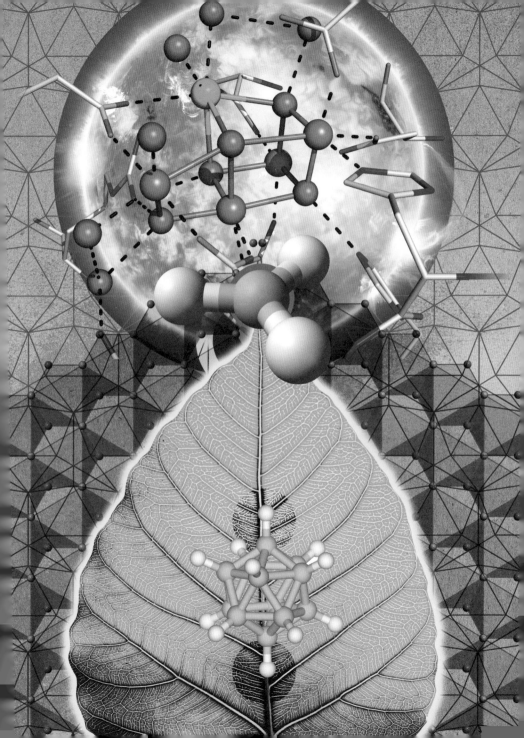

过渡金属催化剂

30秒钟化学

3秒钟核心内容
过渡金属化合物促进了附着在金属上的小原子的化学反应，这些小原子重新排列，作为新产物释放。

3分钟拓展知识
很多生物和工业过程中过渡金属是催化剂，催化剂是自身不发生改变但加快化学反应的物质。没有金属催化剂，我们就不能利用我们吸入的氧气或生成足够的食物来维持当前的人口水平。甚至我们人类到现在都不会出现，因为关于生命起源的一个假设就涉及铁矿物的催化作用。

很多工业化学物质通过利用自身附着在被称为配位体的小分子上的过渡金属组成的催化剂，将小的有机分子或物质结合起来而形成。在这些过程中，金属成为平台，酶作用物可先结合然后分解为小的分子片段、改变原子结合的方式、与其他酶作用物形成新的结合，加快酶作用物之间的反应。产生的新分子和片段则可从金属中释放出来，产生反应产物，重新生成最初的金属络合物。事实上，用金属的观点来看，整个过程包含金属络合物增加反应物，产生产物的周期反应或"催化循环"。一些金属催化剂甚至不需要结合其酶作用物，而是推动电子到处运动。例如，一些生物粒子集群现在促进反应物之间电子的运动，即从某酶作用物中获得电子传递给另一个酶作用物。其他络合物可从光中获得能量，并用该能量推动电子进出分子，制造出不稳定的中间产物，然后中间产物能快速与其他临近的分子发生反应。

相关主题
反应率和化学动力学
60页
颜色　78页
氨基酸和蛋白质
118页

3秒钟人物
汉弗里·戴维
1778 — 1829
英国化学家，发现酶是各向异性催化剂

卡尔·齐格勒
1898 — 1973
德国化学家

朱利奥·纳塔
1903 — 1979
意大利化学家
这两人一同发明了一种催化剂，用于制造具有特殊性质的商用塑料

本文作者
史蒂芬·康克泰斯

过渡金属化合物可在化学反应中作为催化剂。

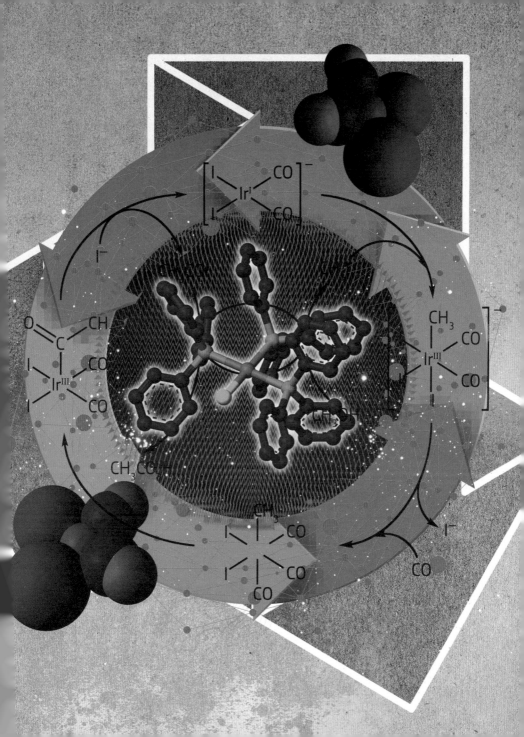

1943年3月19日
出生在墨西哥墨西哥城

1972年
在加州大学伯克利分校获得化学博士学位

1973年
加入加州大学欧文分校罗兰教授的研究组

1974年
作为共同作者在《自然》杂志上发表文章，指出氟氯化碳对同温层中臭氧层的破坏作用

1982年
转至加州理工学院喷气式飞机推进实验室，进行实验研究氟氯化碳对臭氧层的影响

1985年
证明地球两极上方同温层中的冰晶助长了氟氯化碳对臭氧层的破坏能力

1989年
来到麻省理工学院继续其大气科学的研究

1995年
因"将人类从潜在全球环境大灾难中解救出来所做的贡献"而获得诺贝尔化学奖

2005年
来到加州大学圣迭戈分校和大气科学研究中心的斯克里普斯海洋学研究所

2013年
获得总统自由勋章

2020年10月7日
在他的家乡墨西哥城去世

人物传略：马里奥·莫利纳

MARIO J. MOLINA

马里奥·莫利纳出生在墨西哥一个家人受过良好教育并从事专业工作的家庭。莫利纳是诺贝尔化学奖得主，他在氟氯化碳（这是一类工业化学物质，常用于冰箱、气溶胶罐和塑料生产）对同温层臭氧层的有害影响方面的工作，很好地表明基础研究具有巨大的现实意义，并大大改善地球上生命的质量。他的研究发现发表在1974的《自然》杂志上，促使1985年《维也纳公约》及作为其修正的《蒙特利尔议定书》禁止向空气中排放氟氯化碳。

受到同为化学家的姑姑艾斯特·莫利纳的鼓励，马里奥·莫利纳对自然科学产生了浓厚的兴趣。当他用自己的第一台显微镜观察到一滴池塘水中的生物时，他的兴趣变得更加浓厚了。这次让人兴奋的经历促使他获得了化学装备，并在家族房屋中一间未使用的厕所里建立起自己的实验室。莫利纳的父母意识到孩子被化学打动，很快就将11岁的莫利纳送到瑞士的寄宿学校学习德语。那个时候德语对于在化学这一行当有成功的职业经历至关重要。

在墨西哥国立自治大学学习化学工程后，莫利纳在德国和法国花了两年多时间强化自己的工程和数学知识，之后在乔治·皮芒泰尔教授的指导下在加州大学伯克利分校获得了博士学位。

1973年，莫利纳以博士后研究员的身份加入罗兰教授位于加州大学欧文分校的小组，在那里他发现氟氯化碳在同温层分解产生氯，对保护地球生物免受太阳射线危害的臭氧层产生破坏。莫利纳和罗兰遭到氟氯化碳制造商们的强烈反对，直到英国于1985年在南极考察发现巨大且仍在不断变大的臭氧层空洞。莫利纳后来是加州理工学院喷射式飞机推进实验室的全职研究员。他进一步证明地球两极上空同温层中的冰晶增大了氟氯化碳对臭氧层的破坏性影响。到了1985年，绝大多数生产氟氯化碳的国家都签署了旨在停止向大气排放氟氯化碳的《维也纳公约》及随后作为其修正的《蒙特利尔议定书》。

莫利纳因"将人类从潜在全球环境大灾难中解救出来所做的贡献"而获得诺贝尔化学奖。

阿里·O.塞泽尔

碳：不仅仅用于铅笔

30秒钟化学

3秒钟核心内容

碳的同素异形体包括钻石、石墨和富勒烯。富勒烯以巴克敏斯特·富勒的姓氏命名，它以空球形物（"巴基球"）和纳米管（"巴基管"）的形式存在。

3分钟拓展知识

碳是独特的元素。它不仅是所有生命所依赖的核心元素，而且在其基本形态中碳还以不同引人入胜且有用的同素异形体（同种元素的不同分子形态）的形式存在。

碳的主要常见同素异形体包括闪亮、透明且硬度极高的钻石和又软又黑的石墨。富勒烯于2010年被安德烈·海姆成功分离，是碳原子紧密排列成细钢丝网围栏结构，且仅为一个原子厚度的碳原子薄片。石墨则是很多层富勒烯薄片叠加在一起的。因这些薄片间约束力弱，它们很容易就能被刮下来而留在纸上，因此被用于铅笔。1985年，哈罗德·克罗托在与同事理查德·斯莫利和罗伯特·科尔模拟可在红巨星大气中发生的化学反应时，发现了碳的一种新形态C_{60}。C_{60}是被称为富勒烯的一个庞大碳形态族中的一员。富勒烯是中空球体、椭圆体或圆柱体形态中的分子，由于看起来很像理查德·巴克敏斯特·富勒的著名球形穹顶，因此也被称为"巴克敏斯特富勒烯"。球形或椭圆形的富勒烯被人们爱称为"巴基球"。石墨烯薄片也可包裹形成圆柱形的管子，被称为"纳米管"或"巴基管"。富勒烯柔韧性强、强度高而又稳定性好，其实用性还在不断增加，比如作为催化剂用于发电和存储设备，也用于核磁共振成像和X光的造影剂，还被用于柔性电子中。

3秒钟人物

理查德·巴克敏斯特·富勒
1895 — 1983
美国发明家、建筑师和作家，让网格状球体广受欢迎

哈罗德·克罗托
1939 — 2016
英国化学家，因发现富勒烯获得1996年诺贝尔化学奖

本文作者

格兰·E.罗杰斯

碳有很多形态，包括人们熟悉的石墨和新的形态，如石墨烯。

纳米技术

30秒钟化学

纳米技术的研究对象是基础结构的三维尺寸中至少有一维不大于100纳米（1纳米等于十亿分之一米）的物质。这种定义可能包含化学的所有研究对象，因为大多数分子都满足这种要求。但纳米化学的不同之处在于，纳米化学使用从下向上的分子路径来达到更大的领域，即让分子结合形成更大的结构。这与传统的从上向下、将大结构切割为小结构的方法是不同的。从下向上的路径使化学合成具有足够的精度来影响体积更大材料的特性。这种从下向上方法的一个例子就是大小为0.1纳米的不同分子可用合成化学的方法连接起来构造诸如纳米车这样的小型结构。单个纳米车的尺寸是2纳米×3纳米，有四个轮子、完全旋转的轴、底盘和光敏发动机。这样的纳米车可执行任务，如通过选择性的电压脉冲命令带入分子或原子以进一步构建更大的实体或者将药物传递给细胞。以分子方式构造的纳米车非常小，以至于25000个纳米车首尾排列起来所占的长度仅仅是一根人类头发的直径而已。

相关主题

集群化学　80页

碳：不仅仅用于铅笔
86页

3秒钟人物

理查德·费曼
1918—1988
美国物理学家，首先提出了"一次使用一个原子"构建分子结构的观点，于1965年获得诺贝尔物理学奖

理查德·斯莫利
1943—2005
美国化学家，纳米技术的奠基人，被授予1996年诺贝尔化学奖

本文作者

詹姆斯·M. 图尔

3秒钟核心内容

纳米技术是从分子大小开始构造微小型结构的科学。

3分钟拓展知识

纳米化学也可用于构造精准尺寸和形状的纳米粒子。纳米粒子具有特殊的反应催化剂性质，例如将氢和氧在燃料电池中转化为水来发电。其他纳米粒子可用于使用阳光分离水制造燃料电池所需的氢气和氧气。如果纳米原子结合起来，其形成的系统为世界提供燃料，有可能比我们现在使用化石燃料的通常做法清洁得多。

诸如纳米车的分子机器有在医学和能源供应方面开展重要工作的潜能。

有机化学

有机化学
术语

醛类 含有C=OH官能团的化合物的总称。

醛固酮 负责调解钠和钾的一种激素。

植物碱 植物中发现的有机碱,通常有毒性。

胺 指氨分子中的一个或多个氢原子被烃基取代后的产物。

芳环 平坦、环形的碳原子链,含有交替的单链或双链。

羟基 –OH官能团。

羧酸 含有–COOH官能团的有机化合物。

共价键 通过共享一个或多个电子而结合的原子。

交联结构 聚合物中常见的结构,长链状的分子通过化学键相连接形成的三维网状结构。

环状结构 任何含有一个或多个原子环状结合的结构。

结晶 含有沸点不同化合物的混合物通过加热和蒸发冷凝得以分离的过程。

酯 含有–COO–官能团的有机化合物。

官能团 有机化合物族中的特征原子或原子群,让化合物具有特定性质。

同族 一系列有机化合物,区别在于碳原子的长度。

碳氢化合物 仅含有碳和氢的有机化合物。

羟基 -OH官能团。

同分异构体 具有相同化学式但不同结构的两个分子。

酮 含有C=O官能团、位于两个碳原子之间的有机化合物族。

线性结构 一种化学结构，组成该结构的原子位于连续直线上。

大分子 非常大的分子（如聚合物），通常含有上千个原子。

摩尔质量 1摩尔元素或化合物的质量。

单体 能与同种或其他分子聚合的小分子的统称。

有机化合物 含有与氢、氮、氧或硫结合的碳元素的化合物。

固体石蜡 柔软、可燃的固体，由长链碳氢化合物的混合物组成。

黄体酮 女性激素，化学式为$C_{21}H_{30}O_2$，在月经周期和怀孕中发挥作用。

睾酮 男性激素，化学式为$C_{19}H_{28}O_2$。

有机化学和活力论

30秒钟化学

3秒钟核心内容

活力论认为有生命的物质含有一些无生命物质不含有的特殊力量，被证明不正确，并在19世纪被抛弃。

3分钟拓展知识

活力论的落幕意义重大，因为这意味着生物可以从化学的角度来进行研究。生物体内发生的反应从性质上说与生物体外发生的反应没有区别。过去半个世纪生物学的重要革命很大程度上是因为从分子角度理解生命。

早期的化学家将化合物分成两种截然不同的类型，即有机物和无机物。有机物是从生物中分离出来的，通常非常脆弱。例如，糖是一种有机物，从甘蔗或甜菜中分离出来。如果用平底锅加热糖，糖很快就分解了。无机物来自地球，通常有较好的持久性。例如，食盐是无机物，从盐矿或海水中分离出来。如果用平底锅加热食盐，盐不会分解，而只会变热。进一步加大了两者之间区别的，是早期的化学家可在实验室中合成无机物，但不能合成有机物。这种区别吻合了18世纪被称为活力论的一种教义，即所有生物都含有一种重要的力量，将生物同非生物分隔开来。这种重要力量让生物能合成有机物，但化学家却因这种重要力量的缺失而不能用烧杯合成有机物。活力论在19世纪中叶逐渐消亡，因为化学家们开始用无机物合成有机物。现在数十万种有机物已被合成，包含很多对生命自身至关重要的化合物。

相关主题

碳氢化合物 **96**页
醇类 **98**页
醛、酮和酯 **100**页

3秒钟人物

乔治·恩斯特·斯塔尔
1659—1734
德国化学家，倡导活力论

弗里德里希·沃勒
1800—1882
德国化学家，在1828年用无机材料合成了有机物尿素

本文作者

尼瓦尔多·特洛

尿素（右图中心）是最早用无机物合成的有机物之一。

碳氢化合物

30秒钟化学

3秒钟核心内容
汽油是多种碳氢化合物的混合物，因很小的体积具有大量的能量，于是成为运输业方便的能源来源。

3分钟拓展知识
碳氢化合物为基础的"燃料能源"提供了世界80%以上的能量，主要是煤炭、石油和天然气。对很多实际应用来说，它们是最方便、最经济的能量来源。但碳氢化合物是不可再生的，全球碳氢化合物资源有限。寻找替代能源和可再生能源，将降低全球对化石燃料的依赖，帮助全球降低化石燃料对环境的负面影响。

碳氢化合物是石油和天然气的主要成分，是由氢和碳组成的有机物。由于碳原子不仅可与氢等其他原子结合，还可与自身结合（称为"连锁"），因此具有很多自然存在的和合成产生的碳氢化合物。碳氢化合物对现代社会的经济、社会和环境发展有着无与伦比的影响。它们是能量的方便来源，也是诸如聚合物、纺织品和药品等多种常见产品的原始材料。各种形态的碳氢化合物以各种形式存在于我们的日常生活中，如气体（天然气）、液体（汽油）和固体（固体石蜡）。通常来说，碳氢化合物被分为饱和的（只有一个共价键）、不饱和的（两个碳原子间存在一个双共价键或三共价键）和芳香的（至少有一个芳环）。长链的碳氢化合物可构成线性、交联或环形结构，碳原子的数量从一个（甲烷）到上千个。碳氢化合物有较高的势能，可在燃烧时被释放，产生方便交通和取暖使用的能量。

相关主题
碳：不仅仅用于铅笔
86页
有机化学和活力论
94页

3秒钟人物
詹姆斯·杨
1811 — 1883
苏格兰化学家，被称为石油化工业之父，他率先从石油中提取了石蜡。石蜡是一种饱和的碳氢化合物

艾德温·L.德雷克
1819 — 1880
美国铁路售票员，被认为是在宾夕法尼亚州的泰特斯维尔钻出第一口现代油井的人

本文作者
阿里·O.塞泽尔

石油由于其各成分的沸点不同而被分离成为不同的碳氢化合物。

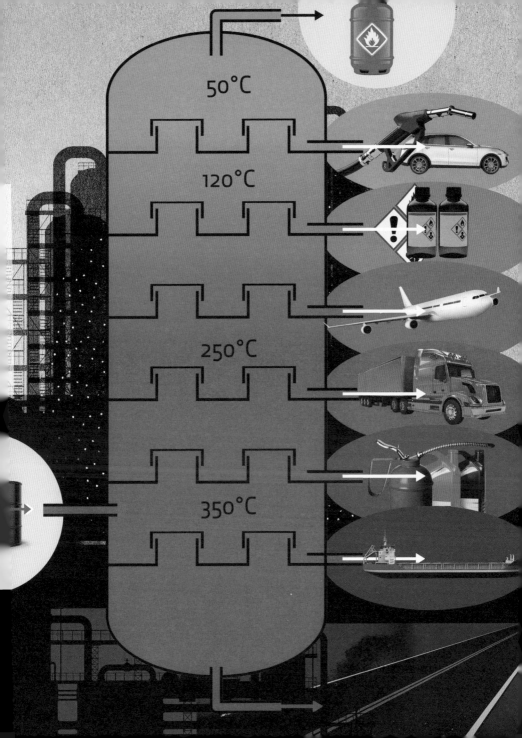

50°C

120°C

250°C

350°C

醇类

30秒钟化学

相关主题
异性相吸　26页
碳氢化合物　96页

3秒钟人物
约翰·托比亚斯·洛维茨
1757——1804
德国出生的俄国化学家，首先通过活性炭过滤提纯乙醇获得了纯乙醇

阿奇巴尔德·斯科特·库珀
1831——1892
英国化学家，首先发表了乙醇的结构形式，是最早被确定的结构形式之一

本文作者
阿里·O.塞泽尔

3秒钟核心内容
除了作为酒精饮料中让人酒醉的成分，醇类还在有机化学中发挥着重要的作用，其很多应用都让人们的生活受益。

3分钟拓展知识
多元醇也称为糖醇，是在分子结构中含有超过一个-OH官能团的醇类。这些白色、可溶于水的固体物质在工业上有很重要的作用，被用作增稠剂和甜味剂。山梨醇、赤藓糖醇、木糖醇和麦芽糖醇是常见的用于硬质糖果和人造甜味剂中的多元醇。它们并不会被完全吸收到血管中，因此不会迅速提升血糖水平。

异丙醇（C_3H_7OH）是一种常见的防腐剂，被称为外用酒精。乙醇（C_2H_5OH）是酒精饮料中让人酒醉的成分，属于非常重要的醇类化合物。醇类含有羟基（–OH）官能团。较小的醇类是透明、可挥发且可燃的液体，有刺激性气味。醇类物质含有同源系列的碳氢化合物，其中氢原子被–OH官能团所取代。甲烷、乙烷和丙烷是该系列的头三个成员。–OH官能团直接与碳原子结合，也同其他一个、两个或多个碳原子结合形成伯醇、仲醇和叔醇。乙醇和异丙醇分别是伯醇和仲醇的例子。–OH官能团使醇类高度极化，小一些的可以与水互溶，也就是说它们与水以任意比例形成各向同性的溶液。随着碳原子数量增加，水溶性明显降低。现在醇类有着广泛的用途，从香水、食品、药品产品到医疗应用等。

醇类是常见的有机化合物族，包含如乙醇（酒精饮料中的酒精）在内的物质。

醛、酮和酯

30秒钟化学

3秒钟核心内容

醛、酮和酯是自然界中常见的有机化合物，很多自然和人工合成的产物中令人愉快的气味和香味都归功于它们。

3分钟拓展知识

醛、酮和酯在生物中大量存在。人类和动物以被称为脂肪或油的酯的形式存储能量。睾酮和黄体酮（分别为男性和女性的性激素）、醛固酮（调解血液中钠的水平）和信息素（由动物释放以激发群体反应）都是酮。视黄醛是形成视觉基础的醛。乙醛在肝脏中新陈代谢后让人有"宿醉"的感觉。

新鲜杏仁和薄荷有让人感到愉悦的气味，主要归功于苯甲醛和薄荷酮这两种自然存在的化合物，其分子包含羰基官能团（–C=O）。苯甲醛是被称为醛的有机化合物族的一员。醛中的羰基位于碳链的末端。薄荷酮是被称为酮的有机物族的一员，酮中的羰基位于碳基的中部。另一个常见的有机物族是酯族。酯中氧原子打断了羰基和碳链的连接（–CO$_2$C–）。乙酸苄酯是草莓、梨和茉莉气味的一种成分，是一种酯。小的醛和酮（摩尔量较小），如甲醛（一种重要的工业溶剂）和丙酮（指甲油去除剂），有强烈的刺激性气味。但醛随着摩尔量的增加，通常具有让人舒适的水果芳香。醛、酮和酯可在自然界中找到，也可工业制成，都作为食物和药品中的气味剂。很多用于胶粘剂、油漆、香水、塑料和织物中的溶剂也含有醛、酮和酯。

相关主题

醇类　98页

羧酸和胺　102页

3秒钟人物

利奥波德·盖墨林
1788—1853
德国化学家，首先引入了"酯"和"酮"的术语

尤斯图斯·冯·李比希
1803—1873
德国化学家，被认为是有机化学之父，首先使用"醛"的术语

本文作者

阿里·O.塞泽尔

你每天闻到的香味中，很多都来自自然存在的醛、酮和酯。

羧酸和胺

30秒钟化学

3秒钟核心内容

羧酸和胺分别是自然存在的酸和碱。

3分钟拓展知识

羧酸和胺的反应是一种酸碱反应，该反应将两个分子结合在一起，形成作为副产品的水。这个反应在生物化学中很重要，因为氨基酸（一端有羧酸另一端有胺的分子）结合形成蛋白质，而蛋白质是生物能量来源的分子。

羧酸和胺是重要而为人们所熟悉的有机物族。羧酸是有机酸，可由其-COOH官能团识别。与所有酸类似，羧酸尝起来是酸味的。醋酸作为醋的活性成分，是一种羧酸。醋（vinegar）这个词来自法语酒（vin）和酸（aigre）。当酒暴露于空气中时，乙醇氧化形成羧酸，酒就坏掉了。柠檬酸是另一种羧酸，它让柠檬和酸橙尝起来呈酸味。胺是有机碱，含有与一个或多个碳原子相连的氮原子。很多胺都有让人不悦的味道。当生物死亡时，其蛋白质分解为胺，蒸发至空气中。例如，腐烂的鱼的味道来自三甲胺，腐烂的动物鸡肉的味道来自尸胺，都是气味难闻的胺。一些植物胺被称为植物碱，具有改变感知路径的能力。咖啡因、尼古丁和可待因都是刺激中枢神经系统的植物碱，导致对增强警觉性和能量的感知。其他的植物碱，如吗啡和可卡因，则有着相反的作用，它们抑制中枢神经系统。吗啡是一种有力应对极端疼痛的抑制剂。

3秒钟人物

赫尔曼·科尔贝
1818—1884
德国化学家，对有机化学的发展贡献巨大，首先合成了醋酸

本文作者

尼瓦尔多·特洛

醋酸（上方）决定了醋的气味。三甲胺（下方）决定了腐烂的鱼的臭味。

1800年7月31日
出生于德国法兰克福的艾斯彻沙伊姆

1823年
获得德国海德堡大学医学学位

1827年
首次从铝化物中制备纯铝样品

1828年
发现实验室合成尿素的方法，分离出元素铍和铱

1832年
开始在德国哥廷根大学担任化学教授

1834年
被选为瑞典皇家科学院外籍院士

1854年
被选为英国皇家学会会员

1855年
被选为柏林皇家学院会员

1862年
制成碳化钙和乙炔气体

1872年
被英国皇家学会授予科普利奖章

1882年9月23日
在德国哥廷根去世

人物传略：弗里德里希·沃勒

FRIEDRICH WÖHLER

弗里德里希·沃勒之所以出名，不光是因为他在化学方面开创性的研究，也因其示范性教学实验室，该实验室对现如今世界上实验化学的教授方式产生了革命性的影响。他在化学和矿物学方面的兴趣始于他在法兰克福接受早期教育的时候。尽管沃勒接着在海德堡大学获得了医学学位，但他真正的兴趣还是在化学。利奥波德·葛墨林是19世纪最知名的化学家之一，他是沃勒在海德堡时的导师。他很快意识到，沃勒水平太高，无法听他的课，于是将他送去跟乔恩·雅各布·贝采里乌斯学习，后者是世界著名的瑞典化学家，他被认为是现代化学的奠基人之一。

沃勒用了一年时间向贝采里乌斯学习矿物学。他不但接受到于他而言最好的教育，还与老师保持了长达终身的友谊。沃勒后来将贝采里乌斯的很多著作都翻译成德文，包括他最著名的《化学教材》。沃勒后来在其职业生涯中，亲自编写了不少有机化学和无机化学的教材，包括1840年的《有机化学大纲》。

沃勒于1825年回到德国，在刚成立的柏林贸易学校获得了一个职位，在那里他开展了开创性的研究，为他获得了国际知名度。

1827年，沃勒从铝化合物中第一次分离出了纯铝。次年，他在一封写给贝采里乌斯的著名的信中宣布了自己的第二项发现。他在信中解释他是如何不依赖肾，在实验室中用合成方法制成尿素的，这种尿素同另一种被称为氰酸铵的化合物有相同的化学成分。这项发现意义重大，因为当时的研究者们相信，生物中的"活力"是制造有机化合物所必需的。

沃勒写这封信两年后，贝采里乌斯对这些发现进行了解释，并提出了"同质异构"的术语，这是现代化学中非常重要的概念。从1832年起到1882年去世，沃勒一直在哥廷根大学当化学教授，他与吉森大学的尤斯图斯·冯·李比希同时创立了现在广泛采用的以实验室为基础的科学教学方法。沃勒还被认为是可供学生开展研究活动的科学研究小组的开创人。

阿里·O.塞泽尔

化学复制自然界

30秒钟化学

太平洋紫杉树很不起眼，它长在美国太平洋沿岸落基山脉以西的地区，这里的海拔在10~15米（30~50英尺），地势平坦，生长着绿针和红浆果。紫杉树的树皮里有着神奇的药物紫杉醇，现在用于治疗卵巢、肺部、乳腺和结肠的癌症。紫杉树的生物活动从古希腊时期就为人所知，北美土著使用紫杉树作药用。因为这些已知的历史，研究者们在20世纪60年代将该树种用在大规模抗癌剂筛查中。筛查的积极结果最终让研究者们分离出活性成分紫杉醇。但治疗一个癌症病人所需的紫杉醇的量需要砍伐好些树龄约100年的紫杉树，这样就产生了环境问题。与其他自然产物的经历一样，研究者又发现了另一种获得紫杉醇的方法。现在紫杉醇是由从欧洲紫杉树的针叶中发现的前驱物合成的。由于获取欧洲紫杉树的针叶不用砍伐树木，这种方式是可持续的。现在，数百万的癌症患者已经从这种自然产物中获益。紫杉醇的故事在自然产物研究领域具有代表性，在该领域产生了很多新的有用的化合物。

紫杉树是抗癌剂紫杉醇的来源。

聚合物

30秒钟化学

3秒钟核心内容

由通过化学键结合起来的重复单元（聚合物单元）组成的链式大分子称为聚合物。聚合物在为人类生活的很多方面提供方便，发挥了无与伦比的作用。

3分钟拓展知识

聚合物通常被认为是电绝缘体。但一些有机聚合体（由碳主干中的交替单键和双键连接的单元结构所组成）表现出内在的低导电性，通过接受或贡献电子的化学结合可显著增加导电性能，这种作用称为掺杂。掺杂后的聚合物，如有机发光二极管（OLED）让电子业焕然一新了。

聚合物进入了人类生活的各个方面。考虑到天然聚合物和人工合成聚合物所起的重要作用，从药物到食物包装，从穿衣到住房，很难想象没有聚合物的人类社会将会是怎样的。德国化学家赫尔曼·施陶丁格首先证实了大分子（聚合体）的存在，大分子是由较小的重复单元分子所组成的较大链式结构。人类了解诸如棉花和橡胶的自然聚合物已达数千年，但对其化学结构的争论直至施陶丁格证明天然橡胶的大分子结构并获得1953年诺贝尔奖才偃旗息鼓。聚合物（Polymer）这一术语来自希腊语poly meros，意思是"很多部分"。很多分子都可作为聚合物单元，使得发明大范围的具有预期特性的聚合物材料成为可能。例如，聚乙烯作为包装袋和包装盒中最常见的塑料材料之一，是由乙烯聚合体单元组成的链式分子。因聚合体单元可以很多种方式连接成非常大的分子，因此聚合体具有较大的分子质量。一些聚合体质量轻、硬度高、强度大、容易弯曲，另一些聚合体则展现出独特的化学、热、电和光特性。

相关主题

路易斯化学键模型
22页
碳氢化合物　96页

3秒钟人物

赫尔曼·施陶丁格
1881—1965
德国化学家，因发现天然橡胶的大分子结构而获得1953年诺贝尔化学奖

白川英树
1936—
日本化学家，因共同发现导电性聚合体的存在而获得2000年诺贝尔化学奖

本文作者

阿里·O.塞泽尔

聚合体是大量链式分子，可构成大量的物质，如塑料。

生物化学

生物化学
术语

酸族 包含-COOH官能团的有机化合物。

三磷酸腺苷 化学式为$C_{10}H_{16}N_5O_{13}P_3$的生物分子，是生物体中能量传输的主要载体。

链烷 化学式为C_nH_{2n+2}的碳氢化合物。

胺基 氨基酸中的-NH_2官能团。

氨基酸 以特定顺序相连构成蛋白质的单元。氨基酸有一个中心原子、一个胺基、一个酸官能团和一个侧链（因氨基酸不同侧链的结构也不同）。

碱基对 核酸的两个部分能唯一配对的单元，组成DNA中的双螺旋并允许精确复制。DNA中腺嘌呤与胸腺嘧啶配对，鸟嘌呤和胞嘧啶配对。

羧酸官能团 有机化合物和生化化合物中的-COOH官能团。羧酸官能团是极化和酸性的。

纤维素 由重复的葡萄糖单元构成的复杂碳氢化合物。细胞膜质是植物中的主要结构材料。

DNA 脱氧核糖核酸，一种由称为核苷酸的重复单位组成的生物分子，负责携带所有已知生物体的基因信息。

二糖 由两个单糖连接构成的一类糖。

酯 含有-COO-官能团的有机化合物。

闪光光解作用 研究光激活化学反应的技术。在光解反应中，使用光来启动化学反应，并将其作为时间的参数来进行观察。

基因组 生物体基因材料的完整集合。

葡萄糖 分子式为$C_6H_{12}O_6$的碳水化合物，在人类和动物血液中循环。

荷尔蒙 在血液中传递至目的地激发和调节生化过程的生化化合物。

单糖 由三到八个碳原子和一个醛基或一个酮基构成的碳水化合物。

非极性物质 由电荷均匀分布的分子所构成的物质。非极性物质通常与水不能很好混合。

核苷酸 相互组合能形成核酸（如DNA）的单独个体。每个核苷酸包含一个磷酸基、一个糖基和一个碱基。

极化物质 电荷分布不对称的分子组成的物质。

多核苷酸 诸如DNA和RNA等遗传分子中的核苷酸连接起来组成的链式结构。

重组DNA 包含来自不同来源的基因材料的合成DNA。

核糖核苷酸 当互相结合时形成RNA的单元。

蔗糖 一种碳水化合物，其分子式为$C_{12}H_{22}O_{11}$。

甘油三酯 一种脂肪，三个碳主链与三个脂肪酸结合（每个脂肪酸与一个碳原子结合）。

碳水化合物

30秒钟化学

3秒钟核心内容

碳水化合物是多碳醛或带有多个OH官能团的酮。它们作为短期能量储备，是植物主要的结构成分。

3分钟拓展知识

碳水化合物通常见于我们吃的食物。多糖可从我们的小肠壁穿透进入血液流动，立刻作为能量来源。二糖和复杂的碳水化合物在进入血液之前须分解为单糖。我们的身体可分解糖和淀粉，但是缺乏分解纤维素（也被称为食物纤维）的酶，纤维素可增大粪便体积，快速通过肠道，防止便秘。

碳水化合物因其基本组成形式是一个碳原子和一个水分子的多倍，即（CH_2O）$_n$。从结构上讲，碳原子排列在环中（可与直链互相转换），并连接多个羟基（OH），让简单的碳水化合物变得极化从而溶于水。水可溶性是碳水化合物的主要性能之一，即对生物储存和传递能量非常重要。葡萄糖（$C_6H_{12}O_6$）是一种典型的碳水化合物。葡萄糖须很容易地从血液中转移到身体中能源被使用的位置。诸如葡萄糖（也被称为单糖）的碳水化合物可结合起来形成多糖，如蔗糖（$C_{12}H_{12}O_{11}$）。它们也可互相结合形成长链状的分子，称为复杂碳水化合物，如淀粉、糖原和纤维素。淀粉（如土豆）是植物的主要能量存储中介；糖原是动物用来在肌肉中存储葡萄糖的紧凑模式；纤维素是地球上最常见的有机物质之一，它比其他复杂碳水化合物都要稳定，是植物的主要结构成分。

相关主题

脂类 116页
氨基酸和蛋白质 118页

3秒钟人物

安得利亚斯·马格拉夫
1709 — 1782
德国化学家，首先从葡萄干中分离出葡萄糖

埃米尔·赫尔曼·费希尔
1852 — 1919
德国化学家，因其在糖类方面的开创性工作而获得1902年诺贝尔化学奖

本文作者

尼瓦尔多·特洛

碳水化合物包含单糖（如葡萄糖）（右上图）和复杂碳水化合物（如纤维素）（右下图）。

脂类

30秒钟化学

脂是唯一一种英文名和实质不符的生物分子。脂不能溶于水。不溶于水的性质让脂可形成薄的油膜，互相堆叠形成油滴，可作为高密度的新陈代谢能量的仓库。事实上，很多油脂都包含体积大且可燃的碳氢化合物，与汽油中的链烷相似。例如，脂肪酸中的碳氢化合物链附着在单极化的羧基群上。在另一种脂肪甘油三酸酯中，三种长碳氢化合物链附着于短的三碳头上。这种高度非极化的结构让甘油三酸酯合在一起形成"脂肪"滴。另一种脂肪只有两个长的碳氢化合物链，附着于更为极化的头部（三碳单元包含磷酸盐基团），结果就形成了棒状的分子，它有一个带电、亲水的头和一个油腻的尾巴。这样的分子形成片状物，一端分子的尾巴在油腻片状物中排列成行，而另一端分子的头部面面相对。为了保证尾巴部位的油腻表面处于水面之上，两层油片状物叠加形成双层膜结构，而分子尾巴处于内侧，分子头部形成面向水面的表面。这种双层膜结构是封装生物细胞的基本屏障。

3秒钟核心内容
脂肪不溶于水使得脂肪能形成扩张的薄膜，覆盖生物溶液，并作为新陈代谢能量特殊的密集仓库。

3分钟拓展知识
即使脂肪不能以其他生物分子形成模块化聚合物的方式来构造，脂肪也有很多不同的生物特性。脂肪膜是细胞内外的障碍，而甘油三酸酯"脂肪"是植物和动物的长期能源仓库。其他被称为荷尔蒙的脂肪是生物信使，由腺体分泌，被带至目标细胞触发生理反应。

相关主题
物质结合力　32页
碳氢化合物　96页
羧酸和胺　102页

3秒钟人物
米歇尔·舍夫勒尔
1786—1889
法国化学家，在研究肥皂、脂肪和油方面进行了开创性工作

查尔斯·欧内斯特
1865—1933
英国生物学家，首先提出油脂可作为细胞膜

本文作者
史蒂芬·康克泰斯

油脂的一个功能是形成双层结构封装细胞。

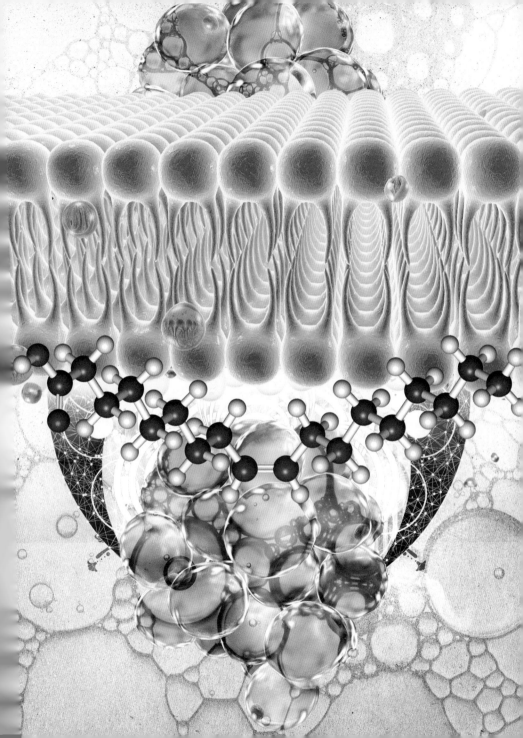

氨基酸和蛋白质

30秒钟化学

蛋白质是执行让人无法理解的大量功能的链式生物分子。诸如胶原的蛋白质起到结构支撑的作用。包括马达蛋白肌凝蛋白在内的其他蛋白质，让肌肉能放松和收缩。其他蛋白质则为紧实的球状，可储存或运输较小的分子，通过让特定化学反应加快从而控制细胞新陈代谢，或甚至识别并束缚其他分子。类似胰岛素的一些蛋白质是智能信号，而其调节身体的过程则通过化学改性其他蛋白质以适应它们的运作方式。蛋白质是由仅仅20种称为氨基酸的基本材料构成，氨基酸因包含一个与胺基结合、位于中央的碳原子和一个酸基而得名。位于中央的碳原子还与第三个可变的、称为侧链的基团结合。侧链可以是极化或非极化的，可小可大，可为酸性也可为碱性。氨基酸成捆可形成按照侧链的实际顺序性质变化很大的长聚合体。侧链沿着聚合体在不同处的相互作用及与周围水的作用使得蛋白质起皱并折叠形成新的形状，而形状则反过来决定了蛋白质能起的作用。

3秒钟核心内容

氨基酸可被捆扎成蛋白质链，蛋白质链可折叠成各种形态，发挥很多生物功能。

3分钟拓展知识

当你呼吸的时候，你吸入的氧气变成束缚于血红细胞中被称为血红蛋白的蛋白质中，血红蛋白将氧气运输到你的肌肉和其他组织中，在互联序列的蛋白质催化反应中，燃烧脂肪和碳水化合物。这些反应产生的能量用于身体运动、合成其他生物分子，并制造神经细胞工作所需的电信号。

相关主题

反应率和化学动力学
60页
羧酸和胺　102页
化学复制自然界
106页

3秒钟人物

捷拉杜斯·约翰尼斯·穆尔德
1802—1880
荷兰化学家，首先描述了蛋白质的组成

约翰·肯德鲁
1917—1997
英国生物化学家

马克斯·佩鲁兹
1914—2002
奥地利出生的分子生物学家
这两人确定了首个蛋白质的三维结构

本文作者

史蒂芬·康克泰斯

一些蛋白质折叠成球形（中图），而其他蛋白质则有更多线性结构（下图）。

1912年12月12日
出生在美国密苏里州本顿市

1933年
获得密苏里哥伦比亚大学化学学士学位

1935年
获得密苏里哥伦比亚大学教育学学士学位

1937年
获得密苏里哥伦比亚大学化学硕士学位

1940年
获得密苏里哥伦比亚大学物理化学博士学位

1945年
加入马萨诸塞州曼荷莲学院化学系

1960年
获得密苏里大学艺术和科学学院表彰

1969年
获得美国制造业化学家协会大学化学教育奖

1978年
成为美国化学学会首位女会长

1982年
获得美国化学学会化学教育奖

1983年
担任美国科学进步协会会长

1989年
同艾德温·S·维弗共同撰写了教科书《化学：为理解而探索》

1998年8月8日
在马萨诸塞州霍利奥克去世

人物传略：安娜·简·哈里森

ANNA J. HARRISON

安娜·简·哈里森是美国化学家和教育家，她相信改进科学教育和让公众更多了解科学的重要性。

哈里森出生在美国密苏里州本顿市的一个农场主家庭。她早在上小学时就对化学产生了兴趣，到了高中时兴趣就转化成了爱好。她在密苏里哥伦比亚大学获得了她所有高等教育的学位，包括两个学士学位（化学和教育学）和一个物理化学博士学位。在新奥尔良杜兰大学的苏菲·纽科姆学院任教五年后，她成为马萨诸塞州曼荷莲学院的化学教授，在那里她一直任教到1979年。她在退休后仍在马里兰州安纳波利斯的美国海军学院任教。

在曼荷莲学院时，哈里森有机会同著名的化学教授艾玛·佩里一起研究分子结构光谱学。她使用闪光光解技术，通过观察不同分子化合物的结合和分离来研究化学反应。她的研究活动还包括与堪萨斯城的A·J·格里纳公司合作，研究战场工具包，为第二次世界大战的战士探测有害气体。

现在哈里森可能更因其科学教育的贡献而为人所知。她被认为将化学行业从一个男性占主导地位的行业转变成为一个更欢迎性别和种族多元化的行业。美国化学学会在成立100多年后，于1978年选举哈里森为其第一位女性会长。哈里森天生具有将复杂观点向学生表述为简洁综合观点的能力。她在教育方面的方法，包括在涉及科学时，帮助学生获得更好公共决策方法的知识。在20世纪70年代，哈里森转变成为向公众，尤其是公职官员沟通科学的直言者。她供职于包括国家科学委员会在内的很多咨询委员会，还到世界上不同地方旅行，分享她在科学公众教育方面的经验。

阿里·O.塞泽尔

生物蓝图：核酸

30秒钟化学

3秒钟核心内容

核酸构成磷酸盐和碳水化合物相交替、并附着有楔形含氮基团的链式结构。链式结构的顺序解码了生物信息。

3分钟拓展知识

生命携带信息的分子是脱氧核糖核酸（DNA）。DNA自身含有蛋白质合成的化学代码，并从父辈传递给子女。这就是为什么你有些与父母相像的特征。2003年，科学家成功地绘制了整个人类基因，这是包含三十亿单元（基础对）的化学代码。

DNA是长链状的分子，包含称为核苷酸的单元。每个核苷酸单元都包含一个带负电、附着于一个碳水化合物的磷酸盐族，而这个碳水化合物分子则与一个楔子状、称为碱基的含氮团结合。碱基有四种形式，所有的碱基都是平坦的，在顶部和底部都是非极化的，但沿着其侧边都有极化氮、氧和氢的特定形式。这些形式使得碱基可以识别与其"互补"的碱基，也就是那些具有适当的极化组形式而能够相互作用强烈而形成配对的碱基。因此，当脱氧核糖核酸的糖—磷酸盐族相互连接形成长的多核酸苷链，沿着该链的碱基则可以生成另一种多核酸苷链，其顺序与前一个链互补。DNA中的一些碱基的顺序将制造蛋白质的指令编成代码。这些碱基与附近告诉细胞机器何时制造这些蛋白质的碱基顺序一起，构成遗传的单元即基因。但核酸不仅仅用于存储和传递基因信息。细胞的主要能量"货币"三磷酸腺苷（ATP）是一种核苷酸，其中的磷酸盐被三个互联的磷酸盐基形成的链所取代。

相关主题

物质结合力　32页
羧酸和胺　102页
碳水化合物　114页

3秒钟人物

奥斯瓦尔德·艾弗里
1877－1955
加拿大出生的医学研究人员，证明DNA是基因物质

詹姆斯·沃森
1928－
美国分子生物学家

弗朗西斯·克里克
1916－2004
英国分子生物学家
这两人确定了DNA的双螺旋结构

本文作者

史蒂芬·康克泰斯

DNA具有双螺旋结构，其中互补的碱基沿着中线连接。

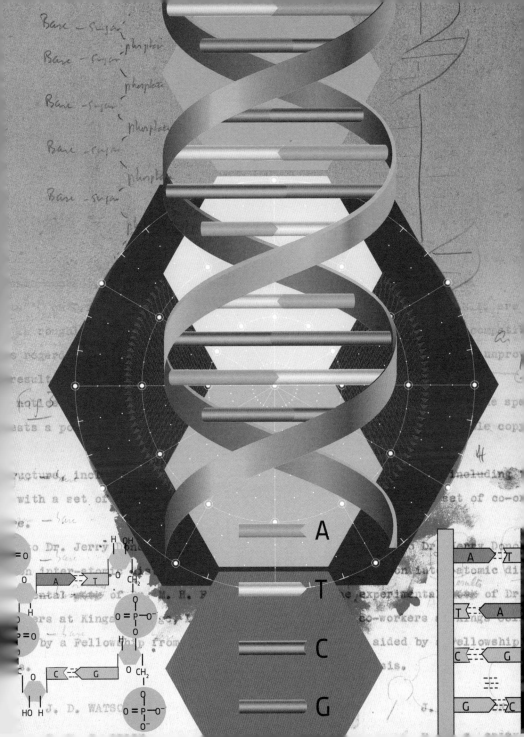

生物药品合成

30秒钟化学

相关主题

氨基酸和蛋白质
118页

生物蓝图：核酸
122页

1922年以前，糖尿病是无法治好的。当时，一名14岁处于死亡边缘的糖尿病患者使用从动物源中得到的胰岛素（调解血糖的蛋白质）进行治疗，然后恢复了健康并存活下来。很快胰岛素（多数从猪获得）在全世界广泛应用，使得糖尿病成为一种可控的慢性病。但一些病人对猪胰岛素耐受性并不好。20世纪80年代，一家叫作基因泰克（Genentech）的公司发明了将人胰岛素基因插入细菌细胞DNA合成人胰岛素的方法。当细菌繁殖时，细菌复制人胰岛素基因，并将其传递至其后代。此外，当转基因的细菌合成其生存和繁殖所需的蛋白质时，它们也合成了人胰岛素。这些胰岛素从培养的细菌中被取出、提纯并用于治疗糖尿病。如今，糖尿病人使用以这种方式合成的人胰岛素。制造所需蛋白质的DNA指令也可被插入植物或动物的DNA中。例如，2015年美国食物药品管理局批准了治疗沃尔曼病（家族性黄色瘤伴肾上腺钙化）的一种药物。沃尔曼病是一种少见但致命的疾病，病因是缺少一种被称为LAL的酶。这种酶从转基因的鸡蛋中获取。

3秒钟人物

弗雷德里克·班廷
1891—1941
加拿大生理学家，因发现胰岛素获得1923年诺贝尔医学奖

弗雷德里克·桑格
1918—2013
英国生物化学家，因确定胰岛素的结构而获得1958年诺贝尔化学奖

保罗·伯格
1926—
美国生物化学家，因其基因重组技术研究获得1980年诺贝尔化学奖

本文作者

尼瓦尔多·特洛

人胰岛素是通过对细胞进行基因改造而合成的。

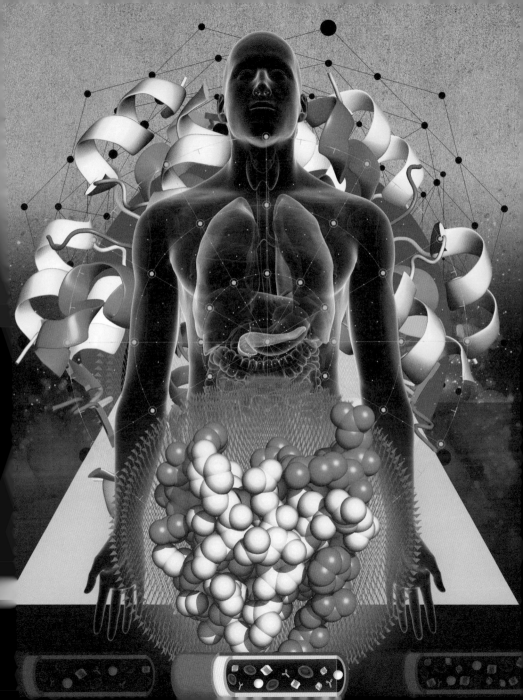

核化学

核化学
术语

阿尔法粒子 辐射衰变中释放的一种粒子。阿尔法粒子包含两个质子和两个中子，分子式为 ^4_2He。

原子质量单位（amu） 用于亚原子粒子的质量单位。一个原子质量单位为 $1.66 \times 10^{-27}kg$。

贝塔粒子 辐射衰变中释放的一种粒子。贝塔粒子的分子式为 $^0_{-1}e$。

化学反应 一种或多种物质（反应物）中的原子重新排列形成不同物质（产物）的过程。

关键质量 核裂变中维持自续核反应的裂变材料的最低重量。

爱因斯坦 $E=mc^2$ 公式 将质量与能量关联起来的公式，表明两者是可以互相转换的。

电子 亚原子颗粒，带负电荷，质量为 0.00055 原子质量单位（amu）。

伽马射线 辐射衰变中释放的一种高能粒子，通常与其他类型射线关联。伽马射线的分子式为 $^0_0\gamma$。

基因 一串代表某种蛋白质编码的DNA。

同位素 具有相同数量质子、不同数量中子的原子。

新陈代谢 生物将特定化合物转化为生存和繁殖所需的能量的过程。

中子 亚原子颗粒，不带电，质量为一个原子质量单位。

核裂变 轻原子核结合成较重原子核时放出巨大能量。

钚 核化学尤其是核能和原子弹中的一种合成化学元素，原子序数为94。

质子 亚原子粒子，带正电荷，质量为一个原子质量单位。

辐射 从不稳定同位素中释放带能量的粒子。

放射性碳测定年代 用材料中的C-14成分确定过去生物材料年代的方法。

放射药剂 在疾病诊断和治疗中使用的具有辐射性的药剂。

示踪剂 一种化合物，其一个或多个原子被放射性同位素取代，使科学家能在特定反应中监测原子踪迹。

铀 核化学尤其是核能和原子弹中使用的一种放射性化学元素，原子序数为92。

X光 电磁辐射的一种形式，波长比伽马射线稍长，用于骨和器官成像。

放射性

30秒钟化学

相关主题
物质由粒子构成
4页
原子的结构　6页
原子分裂　132页

3秒钟人物
威廉·拉姆齐
1852—1916
英国化学家，1902年创作了名为《原子的丧钟》的诗，其中有这样的句子：
原子啊，如今我们清楚地知道，
终其功用后裂成碎片；
它们慢慢运动着，并在分裂中，
展示绝对的不稳定性。

本文作者
格兰·E. 罗杰斯

3秒钟核心内容
一些原子自发"衰减"，产生能穿透各种材料的阿尔法粒子、贝塔粒子和伽马射线。这种现象被称为放射性。

3分钟拓展知识
放射性元素可被用作"示踪剂"，追踪化学反应的路径或监测研究环境、农业和生物环境中的浓度。放射性元素也用于确定不同物体的年代，这些物体包括曾经有生命系统（C-14）、早期类人动物（钾-40）以及月球、地球、各种岩石和矿物（铀和钍）。

一首科学诗是这样写的"原子……终其功用后裂成碎片"。与直觉相反的是，一些原子自发分裂，产生射线和粒子，可穿过各种物质，包括金属和人体。安东尼·贝克勒尔和居里夫妇于19世纪最后十年供职于巴黎，他们是首先在铀中发现这一现象的人。居里夫人将这种现象称为"放射性（radioactivity）"（来自拉丁文radius，意为半径），并很快发现了两种之前未知的元素（镭和钋），它们比铀的放射性更强烈。最初，人们认为放射以两种方式存在，由欧内斯特·卢瑟福充满逻辑性地确定为阿尔法和贝塔辐射（伽马射线数年后才被发现）。带正电的阿尔法射线，很快被发现是动力十足的氦核即He^{2+}，穿透各种物质的能力弱一些。而带负电的贝塔粒子，很快被发现是动力十足的电子，质量更轻并可穿透很多物质。伽马射线是三者中穿透能力最强的，是高能的电磁辐射。最令人称奇的是，现在人们已经知道，某些种类的原子自发"衰减"，散发出带电粒子和高强度的辐射。

当原子释放辐射时，它们就改变了身份。

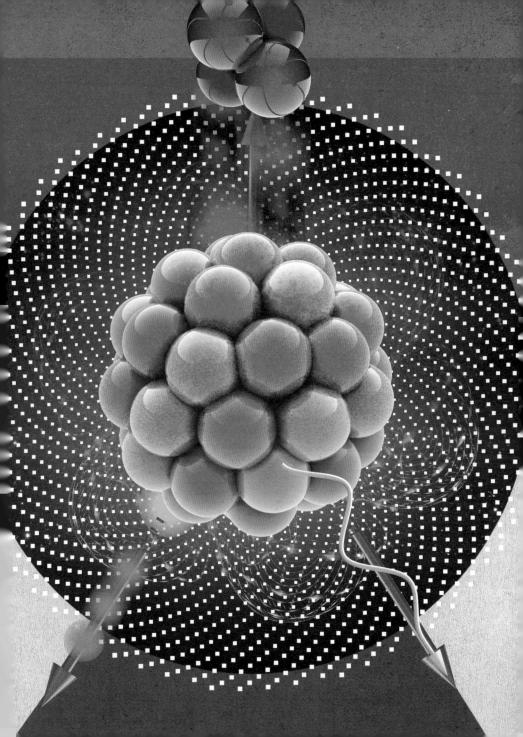

原子分裂

30秒钟化学

3秒钟核心内容

将中子轰击临界质量的可裂变材料中，能裂解原子并产生额外的中子，所引发的链式反应释放出大量的能量。

3分钟拓展知识

为什么原子核，尤其是那些包含数十个带正电荷且相互排斥的质子的原子核，不能分裂呢？人们发现有一些会发生分裂。铀和钍的特定种类原子的原子核发生分裂，就好像液体摇摇晃晃的小滴被核表面的张力以不稳定的方式约束着，但这种状态会轻易被破坏。

1938年奥托·哈恩用中子轰击铀原子，他惊奇地发现，这些铀原子看上去有一半分裂了。他发现了核裂变，核裂变中大的原子核分裂成两个小的原子核及多个中子。如果铀或钍纯度足够高的同位素达到"临界质量"，那么这些额外的中子就继续轰击其他可裂变的原子核，并导致链式反应，使用爱因斯坦的$E=mc^2$公式进行计算，该链式反应释放出极大量的能量，比通过常规化学反应得到的能量要大得多，可利用这些能量发电（核能）或制造爆炸（核弹）。1945年8月6在日本广岛投下的铀弹叫作"小男孩"，在这种"枪"式组装中，临界质量通过将一个铀"弹头"轰击进入中空材质为铀的圆柱中而获得。同年8月9日在长崎投下的钚弹被称为"胖子"，在这种爆炸式组装中，临界质量通过使用透镜组件朝着核弹的中心轰击小的钚碎片而获得。

3秒钟人物

玛丽·居里
1867—1934
波兰出生的法国化学家，创立了放射理论

奥托·哈恩
1879—1968
德国化学家，1944年获得诺贝尔化学奖，发现了核裂变

本文作者

格兰·E.罗杰斯

在核裂变中，中子让不稳定的原子核发生裂变，释放大量的能量。

核质量损失

30秒钟化学

3秒钟人物

利斯·迈特纳
1878—1968
奥地利物理学家，第一
次就核裂变进行了质量/
能量的计算

阿尔伯特·爱因斯坦
1879—1955
德国出生的物理学家，
提出了质量和能量的数
学等效性

本文作者

杰夫·C.布莱恩

3秒钟核心内容

核裂变发生的时候，
质子和中子各损失一
小部分质量。这些质
量转化为能量。

3分钟拓展知识

如果质量和能量是同
一枚硬币的两面，那
么将质子和中子视为
硬球体是否合适呢？
将它们看成是小的能
量球是否更好呢？因
为物质和能量是可以
互相转化的，也许这
并不重要。这也表明
亚原子宇宙是非常奇
怪的所在。

原子分裂要么发生在核电厂里，要么发生在核弹引爆时，此时大量的能量被释放。这些能量是从哪里来的呢？答案就在爱因斯坦将能量和质量结合起来的引人注目却又简单的公式中：$E=mc^2$，能量等于质量乘以光速的平方。这个公式表明，能量和质量是同种事物的两种不同形式。也就是说，如果能量被释放（创造），则质量必须消失。这就是核聚变的具体内容。一个大原子核分裂为两个较小的原子核，总质量的很小一部分被消灭了，然后就产生了巨大的能量。这就意味着一个或两个质子或中子蒸发了？不是的。它令人着迷的部分就在于，所有的质子和中子损失了各自质量的很小一部分。无论看上去多么奇怪，这都意味着质子和中子并非时时都保持相同的质量。铀原子中质子的质量比铁原子中质子的质量要大。原子分裂后，质子和中子的数量不变，只是它们的质量都略微轻了一些。但对于人类，这可不是推荐的减肥方法。

当原子经核裂变裂解时，其质量被转化为能量。

辐射对生命的影响

30秒钟化学

3秒钟核心内容

辐射可破坏生物中的化学键，有可能导致细胞死亡或癌症。

3分钟拓展知识

辐射对DNA的伤害通常是间接发生的。生物中最常见的化学物质是水，因此最有可能让水分子的电子因受撞击变得松散。于是形成了H_2O^+，它又分裂成H^+和HO^-。HO^-是羟基，容易发生反应。如果羟基进入DNA分子，有可能破坏DNA中的化学键。

本章讨论的辐射是相当不常见的，因为它们有让原子和分子中的电子变得松散的能力。当辐射在物质中传播时，辐射将其部分能量传递给其经过的分子，就好像被发射的子弹经过一堆鹅卵石时一样。因为电子将分子中的原子结合在一起，这种亚原子的激烈活动会让化学键被破坏。如果单细胞中有足够的辐射损害，那么大量的分子会遭破坏，细胞可能会死亡。如果破坏并不严重，分子可自行修复。但如果细胞的DNA被破坏了，细胞可能会发生变化或异常，即细胞生长异常（因为DNA显示细胞成长的方式）。这些变异和异常的细胞生长会导致癌症。这听起来很不好，尤其是因为人类同所有生物和恒星一样，天生是受到辐射的。幸运的是，我们已进化出相当有效的细胞修复机制。看上去在某个门槛之下，辐射对健康没有负面影响。一些人将这个下限设置为100mSv(mSv毫希弗，是辐射的单位)。全球年平均自然辐射和人为辐射的量为2.8mSv。

相关主题

原子结合 **18页**
生物蓝图：核酸 **122页**

3秒钟人物

赫尔曼·J.穆勒
1890—1967
美国生物学家，因首先发现暴露在X光后导致基因变化而获得1946年诺贝尔生理学或医学奖

L.哈罗德·格雷
1905—1965
英国物理学家和放射生物学家，在放射对生物的影响方面进行了开创性研究

本文作者

杰夫·C.布莱恩

DNA会被离子辐射损害。

1879年3月8日
出生于德国法兰克福

1901年
在马尔堡大学获得有
机化学博士学位

1904—1905年
与威廉·拉姆塞在伦
敦大学学院合作

1905—1906年
在加拿大蒙特利尔大
学与欧内斯特·卢瑟
福合作

1907年
取得柏林大学讲师资
格

1914—1918年
担任德国军队化学战
争专家职位

1918年
同利斯·迈特纳一起
发现镤和核异构现象

1928年
被任命为威廉皇帝研
究院主任

1938年
与弗里兹·斯特拉斯
曼观察到核裂变

1944年
因发现核裂变获得诺
贝尔化学奖

1966年
因发现裂变，与利
斯·迈特纳和弗里
兹·斯特拉斯曼共享
了恩里克·费米奖

1968年6月28日
在德国哥廷根去世

人物传略：奥托·哈恩

OTTO HAHN

奥托·哈恩孩提时经常生病，竭尽全力活过来，经历了白喉和严重的肺炎。他从不认为自己是一个好学生，但他的健康和学习成绩在他青春期前期突飞猛进。几乎与此同时，他和一个朋友开始用周围能找到的材料进行简单的化学实验。当他去夜校上染料化学课程的时候，对化学的兴趣就更浓厚了。他继续在马尔堡和慕尼黑的大学里学习化学。

获得博士学位后，哈恩在军队服役一年，之后回到马尔堡大学，获得了助教的职位。哈恩对在德国化学行业工作有兴趣，并得知有一个需要国际留学经历的职位。他的潜在雇主希望在考虑他之前，哈恩能在英国待一段时间，因此哈恩的导师安排他与威廉·拉姆塞在伦敦一起工作。

拉姆塞让哈恩研究两个放射性的问题。尽管这些问题都在哈恩的专业知识领域之外，他仍出色地解决了这两个问题。拉姆塞被深深打动，于是他说服哈恩，应当在核科学领域追求学术发展。哈恩很感兴趣，但他觉得自己需要在该领域更加深入。在伦敦待了一年后，他前往蒙特利尔，同欧内斯特·卢瑟福一起工作了一年。

然后拉姆塞帮助哈恩在柏林大学谋得一个职位，在哈恩入职后，奥地利物理学家利斯·迈特纳也很快入职。哈恩和迈特纳一起工作超过30年，在识别铀和钍的多种衰变产物（如镤等）方面相当高产。迈特纳在1938年不得不离开德国，在此之后，哈恩很快同弗里兹·斯特拉斯曼共同发现了核裂变。他们当时并不理解所看到的现象，于是写信给迈特纳进行询问。迈特纳和他的侄子奥托·弗里希指出这是核裂变。哈恩和斯特拉斯曼于1939年1月公布了他们的发现，迈特纳和弗里希于一个月后公布了他们对前者发现的解释。

这项发现震惊了科学界，最终导致了曼哈顿计划（美国为制造出第一个核武器而进行的研究项目）以及核电站的发展。第二次世界大战期间，哈恩继续研究工作，发现了裂变的多种产物。第二次世界大战后，他中断了自己的研究，担任马克斯·普朗克学会的会长直至1960年。

杰夫·C.布莱恩

放射医学

30秒钟化学

放射医学需要向患者体内注射放射材料（放射药剂）以诊断或治疗疾病。放射材料的一个例子是^{18}F-氟脱氧葡萄糖（FDG），它是放射性的糖分子。在人体中，糖通常运动到新陈代谢的场合。糖也在肿瘤处聚集，因为癌症是噬糖的。一旦放射药剂被允许停留在一个地方，放射药剂会出现聚集。放射探测器就能在患者周围生成器官的三维图像。放射医学获得的信息通常能告诉我们器官工作的状态（生理学）而不是器官看上去的样子（解剖学）。通过改变放射药剂的化学性质（尺寸、形状和电荷），我们可以获得体内任何器官的影像，并确定其工作状态。放射扫描会让患者遭受辐射。但请记住，我们在自然界中也是遭受辐射的，放射医学增加的辐射量仅仅在部分身体聚集。放射剂量通常都低到不会引起可测得的负面效应，你从诊断和治疗上的受益已经超过了放射可能造成的且几乎可以忽略的危险。

3秒钟核心内容
放射医学使用放射药剂进行生理检查和疾病治疗。

3分钟拓展知识
随着对人类生理学了解更深入，放射药剂变得越来越成熟，它们可以在细胞和分子层次造影和进行治疗。设想一下，我们能在癌细胞如此之小、使用传统方法还无法定位的时候杀死癌症。我们也许很快能够在任何外在症状表现出来前，发现和治疗癌症。

相关主题
化学复制自然界
106页
放射性　130页

3秒钟人物
乔治·德·海维西
1885—1966
匈牙利出生的化学家，因第一个发现放射性同位素可用于研究新陈代谢等化学过程而获得1943年诺贝尔化学奖

哈儿·安格尔
1920—2005
美国电气工程师和生物物理学家，发明了仍广泛用于放射医学的照相机

本文作者
杰夫·C.布莱恩

放射性物质可用于对体内器官造影。